JN107304

わかる電子回路部品完全図鑑

フル・カラー　部品がわかればハードウェア技術がわかる

　ちょっと以前であれば，電子部品の勉強は秋葉原もうでを行えば事足りる状況でした．多くの部品専門店がありましたし，技術者の必要な電子部品の多くは確かに「秋葉原」で入手することができました．

　しかし近年は，回路技術者の扱う電子部品の種類が多岐にわたるようになり，さらに部品の供給基地が海外に広がったことも一因で，秋葉原のもつ教育的機能がやや陰ってきた感じです．

　そこで月刊誌「トランジスタ技術」では，ここ数年にわたって，電子部品や電子機器の内部をカラー写真で示すことにより，電子部品への知識を培ってもらうことに努めました．

　本書は1995年1月号から1998年4月号までの「トランジスタ技術」連載 -「電子部品図鑑」を集大成したものです．もちろん全体の見直しを行い，新規部品も追加してあります．座右においてご活用いただければ幸いです．

　多くの写真はメーカ各位よりサンプルをご提供いただき，編集部にて撮影を行いました．サンプルをご提供いただきました各社に改めてお礼申し上げます．

1998年4月【トランジスタ技術編集部】

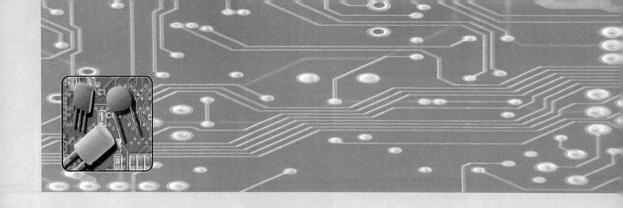

CONTENTS

わかる電子回路部品 完全図鑑

© CQ出版株式会社 1998
（無断転載を禁じます）
編 集 トランジスタ技術編集部
発行人 小澤 拓治
発行所 CQ出版株式会社
（〒112-8619）東京都文京区千石4-29-14
電話 出版部 (03)5395-2148
　　　販売部 (03)5395-2141
振替 00100-7-10665
Printed in Japan

1998年6月1日 初 版 発行
2012年4月1日 第19版発行
2021年4月1日 オンデマンド版発行

定価は表4に表示してあります
乱丁・落丁本はお取り替えします
ISBN978-4-7898-5283-8

（1）抵抗器(汎用/高精度/ハイパワー)

三宅和司

抵抗器はたいへん身近な部品ですが回路の根幹をなす部品でもあります．最適な抵抗の選択は，回路図には反映されにくい設計意図の現れです．ここでは，比較的身近な抵抗器の例を図解して，その特徴をまとめてみました．地味に見える抵抗器も，ハイテク化が着実に進行しています．ここに掲載されていない多数の品種も含め，いろいろなメーカのカタログを再チェックされると，きっと新しい発見があるでしょう．

[仕様例の略号 P：定格電力，R：抵抗値，T：抵抗値誤差(単位：%)，TCR：抵抗値の温度係数(単位：ppm＝10^{-6})，表示：抵抗値/誤差などの表記方式]

小型炭素皮膜抵抗(塗装型)

【構造】セラミック棒に炭素系の抵抗体を焼き付け，これに螺旋状に溝を切り，目的の抵抗値にする．両端にはリード線の付いた金属キャップをはめ込み，絶縁のため保護塗料を塗ってある．

【特徴】ディスクリート抵抗では，現在国内でもっとも一般的で安価な抵抗．メーカ多数．通称「カーボン抵抗」．

【用途】一般電子回路．

【注意】温度係数が大きく，しかも抵抗値によって異なるので，精密な用途には適さない．また，ノイズの点で微小信号を扱う回路にも適さない．平均電力は十分でも，定格電圧以上の高圧パルスによってアーク放電を起こすことがある．

【仕様例】P：1/8 W〜1/2 W，R：E24系列(1 Ω〜10 MΩ)，T：±5%(J)，TCR：定義されないのが普通，表示：カラー・コード(4本)．

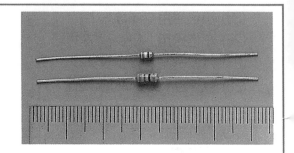

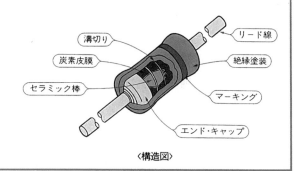

溝切り — リード線
炭素皮膜 — 絶縁塗装
セラミック棒 — マーキング
エンド・キャップ
〈構造図〉

ソリッド抵抗

【構造】炭素と樹脂材料などを練り，細い棒状にして電極を付けて焼き固め，樹脂モールドしたもの．

【特徴】抵抗体が体抵抗で，しかもモールドされているので信頼性が高く，絶縁性や耐アーク性に優れる．

【用途】信頼性を要求する回路．パルス回路．

【注意】誤差が大きいので精密な用途には適さない．また抵抗体の結晶粒界面に起因するノイズが大きいので，微小信号を扱う回路やオーディオ回路には適さない．最近だんだん入手しづらくなりつつある．

【仕様例】P：1/4 W〜1 W，R：E12系列(2.2 Ω〜1 MΩ)，T：±10 %(K)〜±20 %(M)，TCR：定義されないのが普通，表示：カラー・コード(4本)．

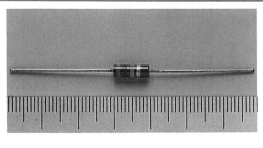

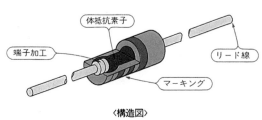

体抵抗素子
端子加工 — リード線
マーキング
〈構造図〉

金属皮膜抵抗（塗装型）

【構造】 セラミック棒に金属皮膜を蒸着または焼結させ，これに螺旋状に溝を切り，目的の抵抗値とし，両端にリード線の付いた金属キャップをはめ込み，絶縁塗装したもの．

【特徴】 温度係数が小さく，精度が良いものが得られる．誤差±1％の製品は一般的で，豊富な抵抗値の製品が比較的安価，通称「金皮（キンピ）抵抗」．

【用途】 精度の必要な一般のアナログ回路．

【注意】 外形は似ていても，メーカや機種によって特性が大幅に違う．また温度係数は抵抗によっても異なる．

【仕様例】 P：1/8 W～2 W，R：E24/E96 系列（2 Ω～1 MΩ），T：±0.1 ％（B）～±2 ％（G），TCR：±25～300 ppm/℃，表示：カラー・コード（5 本），または文字．

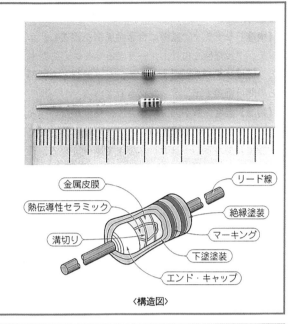

〈構造図〉

金属皮膜　リード線
熱伝導性セラミック　絶縁塗装
溝切り　マーキング
下塗塗装
エンド・キャップ

金属皮膜抵抗（薄膜）

【構造】 セラミック基板に金属を蒸着し，抵抗パターンの形成後，リード線を付け，場合によってはレーザでトリミングしたもの．

【特徴】 温度係数がたいへん小さく，精度が高く，またノイズも小さい．E24 と E96 系列の豊富な抵抗値が揃っている．通称「プレート・オーム」（商品名）．

【用途】 精度の必要なアナログ回路，微小信号回路．

【注意】 大きさと精度により抵抗値範囲が異なる（とくに高抵抗側）ので設計時に注意すること．平板状なので高周波では付近との結合にも気を配ること．

【仕様例】 P：1/16 W～1/2W，R：E24/E96 系列（10 Ω～1 MΩ），T：±0.1 ％（B）～±1 ％（F），TCR：±25～50 ppm/℃，表示：3数字または4数字．

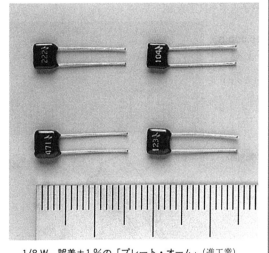

1/8 W，誤差±1 ％の「プレート・オーム」（進工業）

抵抗 E 系列について

　どうして抵抗値は半端な数字が多いのかと疑問をお持ちの方もいらっしゃると思いますが，これは抵抗値が等比数列を基本として決められているからです．等比数例にしている理由は，カバーすべき抵抗値範囲が極端に広いことと，オームの法則 $I = E/R$ からもわかるとおり「ここの電流を 50 ％アップしよう」というときに便利だからです．

　E24 系列とは，1～10 までを有効数字 2 桁で 12に等比分割したものを基調とし，整数比分割の際を考慮して一部を組み替え調整したものです（2.7～4.7の部分）．また，E12 は E24 に，E6 は E12 にそれぞれ内包されていますが，E96 は純粋な等比数列（比＝10 の 96 乗根＝1.024…）を有効数字 3 桁で四捨五入したもので，E24 とは異なります．また，上位の E 系列の入手が可能な品種でも，下位の E 系列のほうが入手しやすい傾向があります．

金属箔抵抗

【構造】 セラミック基板に合金金属箔を接着し，エッチング後電極を付け，レーザでトリミングしたもの．機械ひずみを回避するため，リード線と金属箔との間は細線でボンディングされている．

【特徴】 温度係数が非常に小さく，精度がたいへん高く，またノイズも理論値に近い．用途に合わせて樹脂塗装型からハーメチック型まで揃っている．通称「アルファ抵抗」（社名）．

【用途】 きわめて高い精度の必要な計測回路．微小信号回路．精度の高い I-V 変換回路．抵抗基準．

【注意】 モデルごとに抵抗値範囲や特性が異なるので，目的を明確にして選定すること．電流検出用など低抵抗域で精度を確保するには4端子型を使用する．

【仕様例】 P：1/4 W〜2 W，R：E24/E96，または整数値（0.1 Ω〜400 kΩ），T：±0.005 %（V）〜±1 %（F），TCR：±1〜15 ppm/℃，表示：5数字/6数字表示＋文字表示．

10.000 Ω±0.1 %（アルファエレクトロニクス）

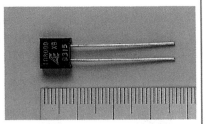

〈構造図〉

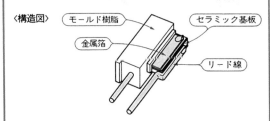

モールド樹脂　セラミック基板　金属箔　リード線

金属酸化物皮膜抵抗

【構造】 セラミック棒に金属酸化物（錫およびアンチモン系）皮膜を付け，両端にリード線の付いた金属キャップをはめ込み，これに螺旋状に溝を切り，目的の抵抗値としたもの．

【特徴】 形状の割に大きな電力を扱える．価格も比較的安価で，メーカ多数．通称「酸金（サンキン）」．

【用途】 中電力回路一般．

【注意】 抵抗値範囲に注意すること．パルス負荷の場合は定格低減が必要．通常は溝切り型なので，あまり高周波のダミー・ロードなどには向かない．

【仕様例】 P：1/2 W〜5 W，R：E24系列（10 Ω〜100 kΩ），T：±2 %（G）〜±5 %（J），TCR：350 ppm/℃，表示：カラー・コード，または文字．

大きいものが2 W，小さいのが1 W，カラー・コードのものが2 W．誤差はいずれも±5 %．

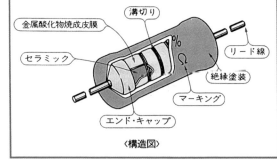

金属酸化物焼成皮膜　溝切り　リード線　絶縁塗装　マーキング　セラミック　エンド・キャップ

〈構造図〉

E24 系列

（太枠内：E12 系列，色部分：E6 系列）

1.0	1.1	1.2	1.3	1.5	1.6	1.8	2.0	2.2	2.4	2.7	3.0
3.3	3.6	3.9	4.3	4.7	5.1	5.6	6.2	6.8	7.5	8.2	9.1

E96 系列

1.00	1.02	1.05	1.07	1.10	1.13	1.15	1.18	1.21	1.24	1.27	1.30
1.33	1.37	1.40	1.43	1.47	1.50	1.54	1.58	1.62	1.65	1.69	1.74
1.78	1.82	1.87	1.91	1.96	2.00	2.05	2.10	2.15	2.21	2.26	2.32
2.37	2.43	2.49	2.55	2.61	2.67	2.74	2.80	2.87	2.94	3.01	3.09
3.16	3.24	3.32	3.40	3.48	3.57	3.65	3.74	3.83	3.92	4.02	4.12
4.22	4.32	4.42	4.53	4.64	4.75	4.87	4.99	5.11	5.23	5.36	5.49
5.62	5.76	5.90	6.04	6.19	6.34	6.49	6.65	6.81	6.98	7.15	7.32
7.50	7.68	7.87	8.06	8.25	8.45	8.66	8.87	9.09	9.31	9.53	9.76

巻き線抵抗

【構造】 セラミック棒に抵抗線(マンガニン線やニクロム線など)を巻き付けたもの．抵抗値は線種や巻き数で調整する．

【特徴】 低抵抗で大電力のものが得られる．温度係数の低いものも可能．

【用途】 一般的な電力回路．高精度電力回路．

【注意】 抵抗値の高いものは大型かつ高価になる．直巻のものは比較的低周波からインダクタンスが問題になることがある．無誘導巻きの製品でも高周波での使用は避けたほうが無難．温度係数は品種ごとに異なるので巻線＝高精度と短絡的に考えないこと．

【仕様例】 P：1/2 W〜20 W，R：E24 系列(0.1 Ω〜1 kΩ)，T：±0.5 %(G)〜±10 %(M)，TCR：±25〜300 ppm/℃，表示：カラー・コード．

50 kΩ，0.1 %，モールド・タイプのもの．

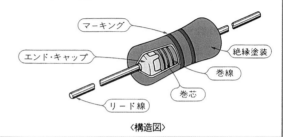

〈構造図〉

セメント抵抗

【構造】 巻き線型または酸化金属皮膜の抵抗ユニットをセラミック製のケースに入れ，シリコン系の樹脂(セメント)で封止したもの．

【特徴】 不燃性のケースで被われているので，高温時にも発火しない．絶縁性に富むので実装が容易．

【用途】 一般的な電力回路．

【注意】 外見は同じように見えても，抵抗体によって特徴や欠点が異なるので，メーカのカタログをよく見ること．高電力では基板から浮かせて実装する．

【仕様例】 P：1 W〜20 W，R：E24 系列(0.1 Ω〜68 kΩ)，T：±1 %(F)〜±10 %(M)，TCR：±25〜500 ppm/℃，表示：文字表示．

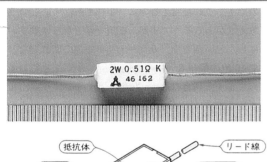

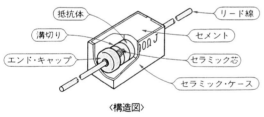

〈構造図〉

ホウロウ抵抗

【構造】 セラミックのパイプに抵抗線を巻き，その上にホウロウ(琺瑯)膜を形成したもの．

【特徴】 高温に耐えるので，大電力を扱う場合に適する．スライダ・バンドで抵抗値を調整できるものもある．

【用途】 大電力回路．

【注意】 電気的には巻き線と同じ注意が必要．実装時には専用スタンドを使用し，端子温度にも注意(通常のはんだや非耐熱線は使用不可の場合が多い)．

【仕様例】 P：5 W〜1 kW，R：E24 系列(1 Ω〜100 kΩ)，T：±1 %(F)〜±10 %(K)，TCR：±25〜500 ppm/℃，表示：文字表示．

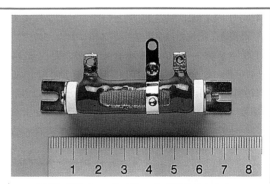

10 W，100 Ω，スライダ・バンド付きのタイプ．

金属板抵抗

【構造】 金属板型の抵抗ユニットをセラミック製のケースに入れ，シリコン系の樹脂で封止したもの．

【特徴】 とくに低抵抗値の製品が得られる．不燃性のケースで被われているので，高温でも発火しない．

【用途】 電流検出回路，電流制限抵抗．

【注意】 抵抗値の範囲に注意すること．低抵抗値では配線抵抗にも注意すること．

【仕様例】 P：1 W～20 W，R：E12 系列，および整数値（0.01 Ω～10 Ω），T：±1 %（F）～±10 %（M），TCR：±300 ppm/℃，表示：文字表示．

2 W，0.05 Ω，±10%の金属板抵抗（KOA）

抵抗値の表示について

　比較的大きな抵抗器には抵抗値が直接書かれていることが多いのですが，小さなものでは書き込みが困難なため，略数字かカラー・コードで表示されるのが普通です．

　抵抗値が直接書かれている場合にも，小数点が消えてしまう事故を考慮して「4.7 kΩ±5 %」を「4K7J」と書く場合があります．最後のJは±5 %を表す誤差コードです（下表参照）．同様に「2.2 Ω±10 %」を「2R2K」と表すことがあります．「R」は小数点（丸=Round）の略で，最後の「K」は補助単位ではなく誤差コードです．

　略数字表示の場合，たとえば「472J」という略数字は，はじめの47が有効数字，三番目の2は有効数字に掛ける10の乗数（後に付ける0の数），最後のJが誤差コードです．したがって，$47×10^2＝4700 Ω＝4.7 kΩ$，誤差±5 %ということになります．

　高精度の抵抗では有効数字が3桁におよぶので，4数字が書かれている場合があり，たとえば「4701F」は，有効数字470にゼロを1個付けて4700 Ω＝4.7 kΩで，誤差はFクラス＝±1 %です．略数字表示の場合，数字の下にアンダラインを引くのが通例になっていますが，ときどきそうでない品物もあり，テスタのお世話になることがあります．

　カラー・コードは，略数字表示の各数字と誤差コードを下の表のように12色の色線に置き換えたものです．これを覚えるのに「小林1茶，…」という数え歌があるそうですが，抵抗を見るたびに歌うのはしんどい話です．カラー・リボン線の切れ端などで10色の簡単なコード表を作っておくことをお薦めします．長さは3 cmもあれば十分ですから，まず長さ方向に切ったあと，このうちの茶から黒までの10本セットだけをさらに切り取ります．あとは「茶=1」と覚えるだけです．なお，人間が直感的に数えられるのは五つまでだと聞きますので，緑と青の線の間に少し切れ目を入れて5と6の間のマークとすればさらに便利です．

　さて，カラー・コードの「黄紫赤金」を略数字に直すと「472J」ですので4.7 kΩ±5 %となります．10 Ω以下の抵抗を表すには3番目の色線（乗数）に金や銀を使って，「赤赤金銀」=2.2 Ω，±10 %のようにします．高精度型では色帯が5本になり「黄紫黒茶茶」は「4701F」で4.7 kΩ，誤差±1 %を示します．いずれの場合も誤差項の色線を他の色線と比べて少し太くし，また抵抗端までの距離も長くして逆読みを防いでいますが，状況の悪い製品もときどきあります．誤差項が金または銀の場合は間違うことはありませんが，「茶黒黒赤茶」（10 kΩ±1 %）を逆読みすると120 Ω±1 %になってしまいます．

◀ カラー・コード・サンプル

カラー・コード▼

色環	茶	赤	橙	黄	緑	青	紫	灰	白	黒	金	銀	なし
数字	1	2	3	4	5	6	7	8	9	0	−1	−2	—
誤差(%)	±1	±2	—	—	±0.5	±0.25	±0.1	±0.05	—	—	±5	±10	±20
誤差記号	F	G	—	—	D	C	B	A	—	—	J	K	M

参考文献：各社カタログ；松下電子部品，進工業，アルファエレクトロニクス，KOA．

（2）コンデンサ（単体/積層型/巻き型）

三宅和司

コンデンサの種類はとても多く，重視するスペックごとに細分化されています．見方を変えると，理想に近いコンデンサは得られにくいとも考えられます．ですから最適なコンデンサの選択は設計上たいへん重要です．

ここでは代表的なコンデンサを例にして，その特徴をまとめてみました．最近のコンデンサ，とくに電解系の，材料や製法の進歩は著しく，昔を知る人にとっては驚異的です．

使用記号の説明［WV：定格電圧，C：容量値（E 系列は 5 頁のコラム参照），T：容量誤差，TC：容量温度係数（1ppm＝10^{-6}），D：誘電正接，「表示」＝容量および誤差の表示法］

マイカ・コンデンサ

【誘電体】マイカ（雲母＝うんも）

【電極】金属蒸着

【構造】単板または積層型

規定の厚みに切り出した雲母板に銀などの電極を蒸着し，リード線を付け，樹脂コートを施したもの．

【特徴】精度が高く，温度係数が低く一定．また高周波においても損失が少なく Q が高い．

【用途】同調回路，フィルタ，位相補正用．

【注意】0.1 μF 程度までの製品はあるが，大容量ではコストと形状がかさむ．

【表示】略数字

【仕様例】WV：50 V～500 V，C：E24 系列基調 1 pF～1200 pF，T：± 1 %（F），TC：± 200 ppm/°C．

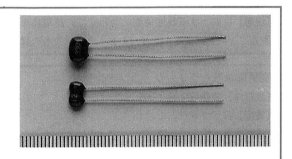

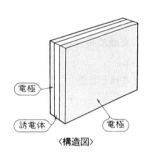

〈構造図〉

スチロール・コンデンサ

【誘電体】スチロール樹脂フィルム

【電極】錫箔（すず）または銅箔

【構造】巻き型

2 枚の金属箔とスチロール・フィルムを螺旋巻き（らせん）

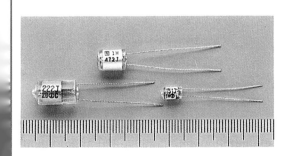

し，さらにスチロール樹脂でモールドしたもの．

【特徴】通称「スチコン」．精度が高く温度係数が負で一定である．また高周波においても損失が少ない．

【用途】同調回路，フィルタ，位相補正用．

【注意】スチロール樹脂は使用温度範囲が－10 °C～＋70 °Cと狭く，また種々の有機溶剤に溶けてしまう欠点があるので，基本的に自動挿入/洗浄はできない．高周波領域ではインダクタンスの小さな無誘導巻きの製品を使うこと．大容量では形状が大きくなるので注意．

【表示】略数字または直接表示

【仕様例】WV：50 V～125 V，C：E24 系列 10 pF～0.01 μF，T：± 5 %（J），TC：0～－200 ppm/°C．

低誘電率系セラミック・コンデンサ

【誘電体】 低誘電率系セラミック

【電極】 銀パラジウムなど

【構造】 単板型

　薄い円盤型の低誘電率セラミック材の両面に電極材を印刷し，焼結する．これにリード線を付け，樹脂コートを行い，さらにパラフィンを含浸させる．

【特徴】 高周波特性に優れ，誘電体の選択によって任意の温度係数を得ることができる．

【用途】 同調回路，水晶発振回路，高周波フィルタ，の温度補正．

【注意】 目的とする温度係数に合わせて，誘電体を製品ごとに選択する．なお，あまり大容量のものは

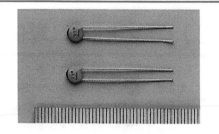

実用的ではない．

【表示】 略数字

【仕様例】 WV：50 V，C：E24 系列 1 pF〜330 pF，T：±5 %（J），TC：選択可能．

高誘電率系セラミック・コンデンサ

【誘電体】 高誘電率系セラミック

【電極】 銀パラジウムなど

【構造】 単板型または積層型

　円盤型のセラミック素材に電極材を印刷する．場合によってはこれらを積層後，焼成し，リードを付け，防湿のためパラフィン・コーティングを行う．

【特徴】 小型，安価で高周波特性が優れている．温度係数は大きい．

【用途】 精度をさほど必要としない一般電子回路用．高周波用パスコン．

【注意】 セラミック材によって分類され，温度係数や容量範囲，形状が大きく異なるのでカタログなどでよく確認すること．

【表示】 略数字または直接表記

【仕様例】 WV：50 V〜500 V，C：E24 系列 100 pF〜0.01 μF，T：±5 %（J）〜+80 %／−20 %（Z），TC：選択可能．

ポリエステル・コンデンサ

【誘電体】 ポリエチレン・テレフタレート

【電極】 錫またはアルミニウム箔

【構造】 巻き型

　2 枚の金属箔とポリエステル・フィルムを螺旋巻きし，リードを付け，樹脂ディップしたもの．

【特徴】 通称「マイラ」（フィルム材料の商品名）．フィルム・コンデンサとしてはもっとも一般的なもので，中容量用として比較的安価．

【用途】 一般的な結合回路や時定数回路．

【注意】 巻き型なのであまり高周波では使えない．誘電体損失もやや大きいので大電流の用途にも向かない．

【表示】 略数字または直接表記

【仕様例】 WV：50〜200 V，C：E6 系列 1000 pF〜0.47 μF，T：±5 %（J）〜±10 %（K），D：0.01 以下．

メタライズド・ポリエステル・コンデンサ

【誘電体】ポリエチレン・テレフタレート

【電極】アルミニウム蒸着

【構造】巻き型

　ポリエステル・フィルムにアルミを蒸着(メタライズ)したものを螺旋(らせん)巻きし，樹脂塗料でディッピングしたもの.

【特徴】電極が蒸着金属なので，形状の割に大容量のものが得られる.また，もしピンホールなどの欠陥があっても，付近の蒸着膜が気化され，その部分が切り放されるので自己回復作用があるとされている.

【用途】一般の結合回路，雑音防止回路.

【注意】巻き型なのであまり高周波では使えない.誘電体損失も大きいので大電流用途にも向かない.

【表示】略数字または直接表記

【仕様例】WV：50 V〜600 V，C：E6系列0.01 μF〜10 μF，T：±5 %(J)〜±20 %(M)，D：0.01以下.

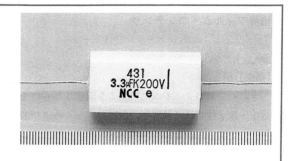

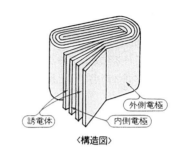

〈構造図〉

コンデンサの周波数特性について

　学校で習ったインピーダンスの式，

$$|\dot{Z}| = 1/(2\pi f C)$$

によれば静電容量 C が大きいほど，また周波数 f が高いほどインピーダンスは下がるはずですが，現実の素子では理論値どおりにはいきません.

　右図に，ポリエステル，PP フィルム，PPS フィルム(容量 0.1 μF，金属箔電極)の周波数対インピーダンスの実測値の例を示します.図からわかるとおり，周波数の低い領域ではほぼ理論式のとおりですが，そのうち下げ止まって，今度は逆に上昇していきます.

　実は，インピーダンスの最低になる周波数や，平らな部分も有無は違いますが，ほとんどのコンデンサについてこのような傾向があります.その原因は，誘電体の損失，電極やリード線のインダクタンス成分にあります(電解コンデンサの場合には，電極や電解液の抵抗成分も原因の一つとなっている).

　とくに大電流を扱う場合にはこれらの損失が熱になり，コンデンサの選択を誤ると熱破壊を起こすことがあります.また高周波のデリケートな回路で不適当なコンデンサを選択すると，位相ひずみを増加させることもあります.なお電源のパスコンとして

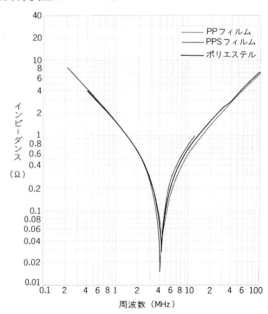

インピーダンス特性(資料提供：松下電子部品)

アルミ電解とセラミック・コンデンサを並列接続して使うことがありますが，これは得意とする周波数域をそれぞれ分担させ，有効な周波数範囲を広くするためです.

積層フィルム・コンデンサ

【誘電体】 ポリエチレン・テレフタレート

【電極】 アルミニウム蒸着

【構造】 積層型

　きわめて薄いフィルムにアルミを蒸着したものを数枚～数十枚重ねて積層し，両端にメッキおよび溶接で引き出し電極を付け，プラスチック・ケースに納め，エポキシ樹脂で封止したもの．

【特徴】 電極が蒸着型でしかも積層構造なので，フィルム・コンデンサとしてはもっとも小型/大容量で，自己回復作用もある．メーカによりリード線間隔がそろえてシリーズ化されており便利．巻き型に比べてインダクタンスが小さく，比較的高周波まで使える．

【用途】 一般の結合回路，時定数回路．

【注意】 誘電体損失が比較的大きく，またメタライ

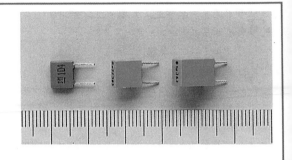

ズ型であるので，高周波大電流の用途には向かない．

【表示】 略数字または直接表記

【仕様例】 $WV : 63\,V$，$C : E6$ 系列 $4700\,pF \sim 1\,\mu F$，$T : \pm 5\,\%\,(J)$，$D : 0.01$ 以下．

ポリプロピレン・コンデンサ

【誘電体】 ポリプロピレン

【電極】 錫（すず）またはアルミ箔

【構造】 巻き型

　ポリプロピレン膜と電極箔を巻き，樹脂でシールしたもの．

【特徴】 通称「PPコン」．誘電体損失が小さく大電流に耐える．また温度係数が小さく一定である．

【用途】 蛍光灯用インバータ，スナバ回路，PWM用フィルタ回路，水平共振回路．

【注意】 容量のわりに形状が大きい．

【表示】 略数字

【仕様例】 $WV : 100\,V$，$C : E12$ 系列 $1000\,pF \sim 0.22\,\mu F$，$T : \pm 1\,\%\,(F) \sim \pm 5\,\%\,(J)$，$D : 0.001$ 以下．

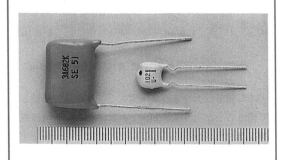

コンデンサの構造について

　コンデンサの構造はそれこそ千差万別ですが，筆者は少々乱暴に，四つに分類してみました．

　まず単板型はコンデンサの原理そのもので，よく知られているように静電容量は対向面積と誘電体の誘電率に比例し，誘電体の厚みに反比例します．

　巻き型は2組の誘電体と電極を文字どおりくるくると巻いたもので，電極の両面とも利用しているため効率が良い点が特徴です．反面，巻きによってコイル成分が生じ，高周波で等価容量が減少したり，共振を起こすことがあるので，無誘導巻きと呼ばれる特殊な巻き方をする場合があります．また，メタライズド・コンデンサはフィルムに薄い電極が張り付いているだけで，この分類に入ります．

　積層型は多数の誘電体と電極を互い違いに重ねたタイプで，もっとも体積効率が良く，しかも低インダクタンスですが，電極の層間接続に特殊な印刷や溶融メッキなどの工夫が必要です．

　アルミ電解に代表される電解型は，電極自身の表面を化学処理によって誘電体としたことと，その表面の凸凹のため電極が密着しないので，間に電解液または可塑性の導電性固体をはさむことが特徴です．誘電体膜を薄くでき，電極の多孔質化で表面積を大きくできるので，大容量化が容易です．

積層セラミック・コンデンサ

【誘電体】 チタン酸バリウム系セラミック

【電極】 卑金属，銀パラジウムなど

【構造】 積層型

　シート状のセラミック素材に電極材を印刷し，これを何枚も重ねてパイのようにしたあと，焼成し，電極を付けエポキシ樹脂でコートする．

【特徴】 通称「積セラ」．非常に形状が小さく無極性で高周波特性が優れている．種々の誘電体の製品もあるが，主流は W5R や Y5V などの超高誘電率系である．

【用途】 ディジタル回路などの電源パスコン．

【注意】 非常に大きな負の温度係数をもち，しかも印加電圧によって容量が変化したり，機械ひずみで圧電現象を起こすものもあるので，電源パスコンや

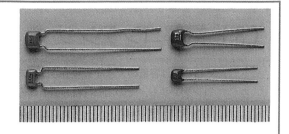

大ざっぱな雑音防止フィルタ以外の用途にはまず使えない．

【表示】 略数字

【仕様例】 $WV:50\,V$，$C:0.1\,\mu F$，$T:+80\,\%/-20\,\%(Z)$，$TC:$ 非常に大きい．

固体タンタル・コンデンサ

【誘電体】 二酸化タンタル

【電極】 金属タンタルおよび低融点合金

【構造】 焼結型

　金属タンタルの陽極表面に酸化膜を化学処理で作成し，そこへ溶融合金を流して陰極とし，リードを付け，全体をエポキシ樹脂でディッピングしたもの．

【特徴】 通称「ディップ・タンタル」．静電容量に対する形状がもっとも小さい．漏れ電流が小さく，ロー・ノイズで，容量の割に周波数特性に優れる．有極性．

【用途】 大容量を必要とする時定数回路，結合コンデンサ(極性に注意)，信号用フィルタ．

【注意】 タンタル・コンデンサ使用時は，① 絶対に逆極性になる瞬間を作らない，② コンデンサへの充放電電流は厳しい規定値以内に納める，③ 耐圧

は必ず守る，を厳守しないと，ショート・モードで破壊することがある．また金属タンタルは酸化されやすく，故障の際に発火することすらあるので，とくに専用に設計されたもの以外は，電源のパスコンに使用しないのが無難．

【表示】 略数字または直接表示

【仕様例】 $WV:3\,V\sim35\,V$，$C:E6$ 系列 $0.1\,\mu F$ $\sim100\,\mu F$，$T:\pm20\,\%(M)$．

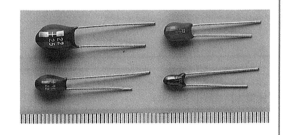

容量値の表示について

　抵抗器と同じように，形の小さなものには略数字のかたちで表示されていることがあります．また容量値が直接書かれている場合にも「6.8 pF±5 %」を「6R8J」と略する場合があります．

　略数字表示の方法は，抵抗器の3数字表示法と同じですが，抵抗の単位がΩであるのに対して，コンデンサでは普通 pF 単位になっています．たとえば「472 K」という略数字のコンデンサは，47×

$10^2=4700\,pF$，誤差が$\pm10\,\%$になります．

　コンデンサの容量値は，よく使う範囲だけでも $1pF$ から $10000\,\mu F$ まで10桁以上になりますから，pF，nF，μF，mF の四つの単位を使いそうですが，少なくとも国内では，なぜか pF と μF だけを使って，「4700 pF」とか「0.0047 μF」などと表現されるのが一般的です．

（3）電解コンデンサ

三宅和司

　ここでは容量の大きな電解系のコンデンサを紹介します．もっとも身近なアルミ電解コンデンサも，その内部材料の進歩は著しく，特性でタンタルを凌ぐ製品もあり，だんだん昔の常識が通用しなくなってきました．品種も用途や重視する特性，形状別に多数あり，設計意図が明確でないとかえって選択に迷ってしまいかねません．

　使用記号の説明 [WV：定格電圧，C：容量値，T：容量誤差]

モールド型タンタル・コンデンサ

【誘電体】二酸化タンタル

【電極】金属タンタルおよび二酸化マンガン

【構造】焼結型．前号掲載の固体タンタルのユニットをプラスチック・ケースに納め，機種によってはヒューズを組み込み，エポキシ樹脂で封止したもの．

【特徴】ケース型で足ピッチが一定であり，自動実装に向く．またヒューズ内蔵タイプは万一の事故を防ぐ．

【用途】時定数回路．電源用フィルタ．

【注意】①逆極性になる瞬間を作らない．②充放電電流は規定値以内に納める．③耐圧は必ず守る．またショート・モード破壊なので，専用に設計されたヒューズ内蔵型以外は，電源のパスコンに使用しない．

【表示】略数字または直接表示．

【仕様例】WV：3 V～35 V，C：E6系列0.1 μF～100 μF，T：±20 %(M)

湿式タンタル・コンデンサ

【誘電体】二酸化タンタル

【電極】金属タンタルおよび銀（またはタンタル）

【構造】湿式電解型．金属タンタル表面に酸化膜を施した陽極を電解液と共に銀ケースに納め，ハーメチック・シールしたもの．

【特徴】漏れ電流がきわめて小さく，ロー・ノイズで，周波数特性および信頼性に優れる．たいへん高価．

【用途】時定数回路．結合コンデンサ．宇宙用および軍用の信号回路．

【注意】湿式タンタル・コンデンサは，逆電圧にきわめて弱く，銀ケースが溶出して破壊する．なお多少の逆電圧やリプル電流に耐えるタンタル・ケース型もある．

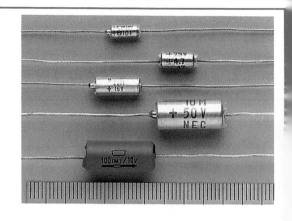

【表示】直接表示または略号

【仕様例】WV：6.3 V～100 V，C：E6系列0.1 μF～100 μF，T：±10 %(K)～±20 %(M)

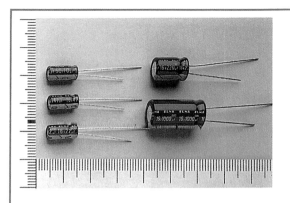

小型アルミニウム電解コンデンサ

【誘電体】酸化アルミニウム

【電極】アルミニウムおよび電解液

【構造】電解型. 多孔質アルミニウムに化学処理で酸化膜を作成し, 電解液を含浸した紙のセパレータを介してアルミ陰極と共に巻きアルミ・ケースに封入する. ケースには圧力逃がし弁が装備されている.

【特徴】通称「アルミ電解」または単に「電解コン」. 大容量のコンデンサとしてはもっとも一般的で安価. 用途や形状別に品種も豊富. 昔は良くないコンデンサの代表のように言われたが, 近年の特性や信頼性の向上は著しく, タンタルを凌ぐものもある. 真空管時代はチューブラ型が使われていたが, 現在は自動挿入の観点から縦型が主流. 基本的に有極性.

【用途】低周波結合用, 電源平滑用, 低周波用パスコン, 精度のいらない時定数回路など.

【注意】化学的側面もあり, ①極性②電圧③温度④リプル⑤イオン侵入に注意すること. また経年変化が大きいので在庫管理の必要がある.

【表示】直接表示

【仕様例】WV : 6.3 V～450 V, C : E6 系列 0.1 μF ～2,2000 μF, T : ±20 %(M)

無極性アルミニウム電解コンデンサ

【誘電体】酸化アルミニウム

【電極】アルミニウムと電解液

【構造】電解型
両電極とも酸化膜を施すことを除けば, 基本的にアルミ電解コンデンサと同じ.

【特徴】通称「ノンポーラ」あるいは「バイポーラ」. 極性がない大容量のコンデンサ. 通常のアルミ電解コンデンサより一回り大きくなる.

【用途】極性が不確定な結合用. 交流発振器. スピーカ・ネットワーク. モータの移相用.

【注意】規格で許容された通過交流電流値を越えないこと. 小信号用とスピーカ用, 移相用はそれぞれ置き換えできない.

【表示】直接表示

【仕様例】WV : 10 V～50 V, C : E6 系列 0.47 μF ～33 μF, T : ±20 %(M)

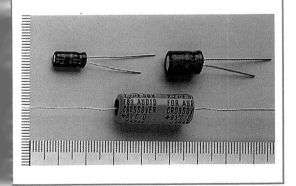

コンデンサの極性について

アルミ電解コンデンサやタンタル・コンデンサには極性(+/－の区別)があり, 誤ると特性の劣化を招いたり, 最悪の場合は発火することすらありますから, 極性確認はとても重要です.

小型のアルミ電解コンデンサには, 外装チューブに(－)極を表す帯が印刷されているのが普通です. また同時にリード線の長さも(+)側を少し長くして誤挿入を防ぐようになっています. 逆に固体タンタル・コンデンサでは, (+)極側に帯が印刷されているのがふつうですが, リード線はやはり(+)側が長くなっています.

またリード線のないブロック・コンではプラス電極に赤いマークを塗ったり, 湿式タンタル・コンデンサではプラス側にわざわざ赤いプラスチックを使用したりして, 逆接続を防いでいます.

さてスチロール・コンデンサなどにも極性があるのをご存知しょうか? 実はここで言う「極性」とは+/－の極性ではなく, 巻き型のコンデンサにつきものの内側電極と外側電極の区別のことで, わざとリード線の長さを違えている製品があります. これはデリケートな回路において, 外側電極が低インピーダンス側(たとえばアース)になるように注意して実装することで, 高周波特性や対ノイズ性を改善できることがあるからです.

大型アルミニウム電解コンデンサ

【通称】ブロック・コンデンサ

【誘電体】酸化アルミニウム

【電極】アルミニウムおよび電解液

【構造】電解型

構造は基本的に小型アルミ電解コンデンサと同じ.

【特徴】通称ブロック・コン. 大きな CV 積が得られる. 端子形状は実装形態や基板用自立端子, はんだタブ端子, ビス止め型などある. 基本的に有極性.

【用途】電源平滑用. エネルギ蓄積用

【注意】大きい静電容量を生かすには, プリント・パターンや配線方法に注意しなければならない. また大エネルギ用途が多いので, リプルによる自己発熱に注意. 大きめの基板直付け型では補助端子や接着剤を併用してリード破損を防止すること. 取り付けバンド式では素子ケースは交流的に絶縁されていな

いので, バンドとのショートに注意すること.

【表示】直接表示

【仕様例】WV：16 V〜450 V, C：E12 系列 220 μF〜180 mF, T：±20 %（M）

アルミ電解コンデンサの経時変化

　車のバッテリのイメージとは違い, 普通のアルミ電解コンデンサの電解液は, 紙などのセパレータに軽く染み込ませてある程度です.

　電解コンデンサは基本的に密封構造になっていますが, 底のゴム・キャップなどから徐々に乾燥が進み（ドライ・アップ）, 容量減少や損失の増加をもたらします. ドライ・アップの速度は周囲温度やコンデンサの損失による発熱で加速され, 10 ℃上昇あたり2倍の速度になると言われています.

　また過電圧や逆電圧をかけると電解液がガスに電気分解されてしまい, 急速に劣化が進みます.

　さてドライ・アップとは逆に, 外から有害な物質が入ることもあります. 種々の素材原料に使われる塩素はその代表で, フロンなどの溶剤やクロロプレン系の接着剤は要注意です.

　一方, 何も電圧をかけない状態で何年も放っておくと, 陽極の誘電体膜が徐々に分解し電解液に溶け出すため, 容量減少や, 漏れ電流増加が見られることがあります.

　このときは定格電圧に近い電圧をかけてしばらく放置しておくと（エージング）, 誘電体膜が修復され正常に戻ることがあります.

高周波低インピーダンス型アルミ電解コンデンサ

【誘電体】酸化アルミニウム

【電極】アルミニウムおよび電解液

【構造】電解型

基本構造は普通のアルミ電解と同じだが, 電極の孔質度を抑え電気特性の優れた電解液を使用している.

【特徴】高リプル対応型とも呼ばれる. 高周波でも低インピーダンスであり, また誘電正接も小さいので, 高速大電流の平滑が可能である.

【用途】スイッチング・レギュレータの平滑コンデンサ. エネルギ・コンバータ. オーディオ回路.

【注意】通常のアルミ電解コンデンサより一回り大きくなることがある. 配線パターンや端子処理を誤ると本来の低インピーダンス特性が発揮できない.

【表示】直接表示

【仕様例】WV：10 V〜50 V, C：E6 系列 10 μF 〜6800 μF, T：±20 %（M）

オーディオ用アルミ電解コンデンサ

【誘電体】 酸化アルミニウム

【電極】 アルミニウムおよび電解液

【構造】 電解型

基本構造は高周波低インピーダンス型アルミ電解と同じだが，さらに電極や電解液を改善し，漏れ電流や電極の防振にも気を配っている．

【特徴】 高周波特性が良く，漏れ電流や誘電正接も小さいので，ひずみやノイズが小さい．結合用と電源平滑用に大別できる．

【用途】 比較的高級なオーディオ回路の結合コンデンサ/電源平滑用主コンデンサ

【注意】 各社から多数の製品が発売されているが，そのオーディオ的評価は人によってまちまちで，また製品サイクルが短いきらいがある．通常のアルミ電解より大きく，かなり高価である．配線パターン

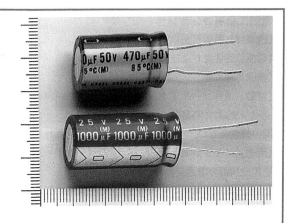

や端子処理を誤ると本来の特性が発揮できない．

【表示】 直接表示

【仕様例】 WV：$10\,\mathrm{V}\sim100\,\mathrm{V}$，$C$：E6系列$1\,\mu\mathrm{F}$ $\sim10000\,\mu\mathrm{F}$，T：$\pm10\,\%$（K）

有機半導体アルミ電解コンデンサ

【誘電体】 酸化アルミニウム

【電極】 アルミニウムおよびTCNQ錯塩結晶

【構造】 固体電解型

アルミ電解の電解液の代わりに，導電性固体のTNCQ錯塩を使ったもの．

【特徴】 通称「OSコン」（商品名）．電解液を使用しないのでドライ・アップがなく，低温特性にも優れ，タンタルを凌ぐ電気的特性をもつ．

【用途】 オーディオ回路．高周波平滑コンデンサ．

【注意】 まだコストが高く，高CV積の品種が少ない．

【表示】 直接表示

【仕様例】 WV：$6.3\,\mathrm{V}\sim30\,\mathrm{V}$，$C$：E6系列$0.1\,\mu\mathrm{F}$ $\sim330\,\mu\mathrm{F}$，T：$\pm20\,\%$（M）

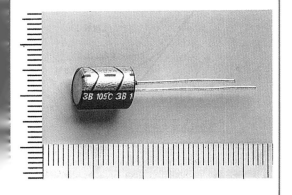

機能性高分子アルミ電解コンデンサ

【誘電体】 酸化アルミニウム

【電極】 アルミニウムおよび導電性高分子

【構造】 固体電解型

電解液の代わりに，TCNQ塩よりも電導度の高い導電性高分子を使ったもの．

【特徴】 通称「SPキャップ」（商品名）．フィルム・コンデンサなみの高周波数特性をもち，低温特性に優れ，ドライ・アップもない．有極性．

【用途】 オーディオ回路．高周波平滑コンデンサ．

【注意】 残念ながらまだ表面実装用の製品しか発売されていない．

【表示】 略号表示

【仕様例】 WV：$6.3\,\mathrm{V}\sim30\,\mathrm{V}$，$C$：E6系列$0.1\,\mu\mathrm{F}$ $\sim330\,\mu\mathrm{F}$，T：$\pm20\,\%$（M）

電気二重層コンデンサ
【誘電体】電極界面の電気二重層
【電極】活性炭および有機電解液
【構造】電解型
【特徴】通称ゴールドキャパシタまたはスーパーキャパシタ（共に商品名）．電池と電解コンデンサの中間の特性をもつ．小型で高い静電容量が得られる．
【用途】メモリやRTC，チューナのバックアップ用．乾電池機器の電池交換時のバックアップ．
【注意】耐圧が低いので要注意．大電流用の製品以外は急速な充放電はできない．またリプル電流の大きな平滑用途には不向．周囲温度に敏感である．

【表示】直接表示
【仕様例】 WV：2.4 V〜5.5 V，C：E3 系列を基調，0.022 F〜10 F

再び周波数特性について

　11頁でコンデンサの周波数特性について述べましたが，アルミ電解コンデンサはちょっと違ったふるまいをします．図1に電解コンデンサの構造を簡単なモデルで表してみました．静電容量向上のため陽極には（冷蔵庫の脱臭材のように）ミクロの凹凸を付けて表面積をたいへん大きく取っています．

　これに誘電体膜を化学処理で付けるまではよいのですが，陰極とこのデコボコした誘電体膜との接触を保つのが大変なため，間に電解液を挟むわけです．

　ところが電解液には金属ほどの導電性がありませんから，電解コンデンサの等価回路は図2のように電解液の抵抗 R_s が直列に挟まった形になります．このため図3のグラフのように，あるところからインピーダンスが下がらなくなり，平らな部分がでてしまいます．R_s が大きいコンデンサに無理に大きな交流電流を流すと位相ひずみが増えるばかりか，内部発熱でコンデンサの寿命を縮めます．高リプル対応型のコンデンサではこの R_s の小さい特殊な電解液が使われます．また機能性高分子コンデンサに代表される固体コンデンサなどでは，電解液を高導電性の固体で置き換えて飛躍的な低インピーダンス化を達成しています．

　電解コンデンサの誘電体膜はたいへん薄く広い面積におよぶので，部分的に欠陥が起きる場合があり，これが漏れ電流のもとになる R_p を発生させ，長時間タイマの誤差やノイズのもとになります．

〈図1〉 電解コンデンサの構造

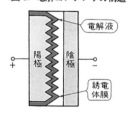

〈図2〉 電解コンデンサの等価回路

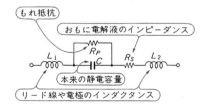

〈図3〉 電解コンデンサの周波数特性

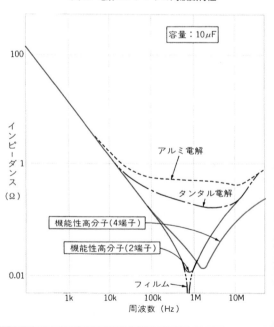

参考・引用文献：松下電子部品㈱・コンデンサ事業部：'93/'94 電解コンデンサ・カタログ

（4）半固定抵抗/半固定コンデンサ

三宅和司

半固定抵抗や半固定コンデンサは，プリント基板上でほかの部品の誤差を補償したり，信号のレベル合わせを行うなどの目的で使われる調整用部品で，別名「トリマ」とも呼ばれます．これらはもともと調整頻度が低いことを前提に作られた可変抵抗や可変コンデンサで，調整ドライバなどで回すようになっています．トリマはたいへん便利な部品ですが，設計や使い方を誤るとかえって誤差が増えたり，回路破壊の要因になってしまうこともあります．

使用記号の説明 [R_0：公称抵抗値(1-3間)，C_{max}：最大容量値，T：誤差，TC：温度係数]

キャップ型；半固定抵抗

①カーボン系

【抵抗体】カーボン系皮膜

【回転数】単回転

【構造】ベークライト基板の上に銀パラジウムの電極を付け，炭素系の抵抗体を円弧状に焼き付ける．その中央に板ばねのスライダを取り付け，さらに全体を覆うプラスチック・キャップを取り付けたもの．調整時にはキャップ全体を回転させる．

【特徴】安価で，スライダや抵抗体が露出していないため感電の危険が少なく，ほこりも入りにくい．

【用途】民生機器など精度や安定性を求めない回路．

【仕様例】R_0：500 Ω～1 MΩ，1-2-5 ステップまたは E3 系列を基調とする．T：±20%，TC：定義されないのが普通．回転寿命：50 回．

② サーメット系

【抵抗体】サーメット

【回転数】単回転

【構造】セラミック基板の上に電極を付け，サーメット（金属やセラミック材を混合，焼結した抵抗体）を焼き付けたこと以外は炭素系のキャップ型と同じ．

【特徴】通称 10 K タイプ．比較的安価で，感電やほこりの侵入に加えて，サーメット抵抗体を採用しているため温度安定性にも優れる．

【用途】一般的な回路の調整用．

【仕様例】R_0：100 Ω～1 MΩ，1-2-5 ステップを基調とする．T：±20%，TC：±300ppm/°C．回転寿命：100 回．

【注意】完全に内部機構が密閉されているわけではないので，湿度や有害ガスによって劣化することがある．洗浄は事実上不可能．ラッカ止めをする場合には，塗料がキャップのすきまから内部に入らないように注意すること．回転部が大きいので，基板端に実装するとうっかり回してしまうこともある．

サーメット系　　　カーボン系

半固定抵抗のピン番号

普通の半固定抵抗には三つの端子があり，それぞれ 1～3 のピン番号で表されます．1 番と 3 番は抵抗体の両端につながれ，その間の抵抗値が公称抵抗（R_0）で，普通±10 %～±30 %の大きな誤差をもっています．2 番ピンは移動するスライダ端子です．また 3 番ピンはトリマを時計回り（CW）に回したときにスライダが接近する側と定義されています（図 1）．

さて私たちがふだん接する機械のつまみは，時計回りに回すと何らかの量が上昇するようになっていますが，トリマによる調整回路もこの習慣に合わせておくと作業が楽です．ですから回路図の段階でピン番号を書き込む必要があります．なお，何を調整するかで方向性も変わり，たとえばタイミング回路では周波数と周期のどちらに注目するかで，同じ回路なのにまったく逆の接続になってしまいます．

〈図 1〉
半固定抵抗のピン番号

```
        1 ○——/\/\/——○ 3
               Ro
        CCW ◄----  ----► CW
        反時計方向  │   時計方向
                   ○
                   2
```

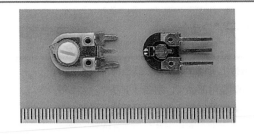

オープン型；半固定抵抗
【抵抗体】カーボン系皮膜
【回転数】単回転
【構造】ベークライト基板などの上に，炭素系の抵抗体を円弧状のパターンに焼き付け，その中央に板ばね式の回転スライダを取り付けたもの．スライダ自身の切り欠きにドライバを入れて回すタイプと，プラスチックのノブがついたタイプがある．

【特徴】半固定抵抗としてはもっとも安価．解放型なので中身がよく見え，構造の理解には最適．
【用途】民生機器など精度や安定性を求めない回路．
【注意】抵抗体やスライダが露出しているので，ほこりや湿度，有害ガスの影響を受けやすい．また洗浄は事実上できない．さらに露出部分が多いので，感電のおそれがある回路部分には向かない．製品によってスライダの接点やかしめ部分，抵抗体膜強度の弱いものもあり，安定性に劣る．ラッカ止めをする場合には，塗料が抵抗体や接点，かしめ部全体にはみ出さないように注意すること．
【仕様例】R_0：100 Ω〜1 MΩ，1-2-5 ステップまたは E6 系列を基調とする．T：±30%，TC：定義されないのが普通．回転寿命：20 回．

多回転サーメット；半固定抵抗
① 回転型
【抵抗体】サーメット
【回転数】2〜22 回転
【構造】抵抗体はシール型サーメットと同じだが，スライダはプラスチック・ギアに取り付けられ，これを外部からウォーム・ギアで回す構造になっている．調整ネジは部品中心から外れた位置にある．
【特徴】減速機構が内蔵されているので，微妙な調整がしやすく，O リングによるバックラッシュも少ない．すぐれた温度係数や密閉構造などの特徴はシール型と同じ．比較的高価．
【用途】精密な産業用機器の調整用．設定範囲が広く，微妙な調整を必要とする回路．
【注意】減速機構のために，微妙な調整作業はしやすいが，一般のシール型のサーメット・トリマに比べて，設定能力にはさほど差があるわけではない．

そのほかの電気的特性もほぼ同じ．また外部から直感的に現在のスライダ位置を知る方法がない．
【仕様例】R_0：50 Ω〜1 MΩ，1-2-5 ステップを基調とする．T：±20 %，TC：±100 ppm/℃以下．回転寿命：200 回．
② 直線型
【抵抗体】サーメット
【回転数】13〜22 回転
【構造】長板状のセラミック基板にサーメット抵抗体とスライダ用の電極のパターンを並べて作成し，マルチ接点のスライダがこの間をショートしながら送りネジ機構で移動するようになっている．トリマ全体はプラスチック・ケースで覆われ，樹脂シールが施されている．
【特徴】シンプルな機構で，抵抗体が比較的長いので設定性がよい．透明なケースに納められた製品は，現在の大体の設定値が直感的に把握できて便利．
【用途】産業用機器の調整用．広い設定範囲で分解能の高い調整を必要とする回路．
【注意】横型は底面積が大きく，基板端に取り付ける必要があるので，基板作成時に注意すること．縦型では振動や倒れに対する対策が必要となることがある．調整のしやすさ以外は一般のシール型のサーメット・トリマとほぼ同じ．
【仕様例】R_0：100 Ω〜1 MΩ，1-2-5 ステップを基調とする．T：±20 %，TC：±100 ppm/℃以下．回転寿命：200 回．

回転型　　　　直線型

巻線型；半固定抵抗

【抵抗体】金属抵抗線

【回転数】単回転または多回転

【構造】セラミック製の巻き枠に金属抵抗線を巻き，ベース基板にスライダとともに取り付ける．これをケースにおさめ，リード線の根元を樹脂封止する．

【特徴】温度係数が低く安定している．密閉構造のため信頼性が高い．高価．

【用途】精密な産業用機器．

【注意】抵抗値誤差は決して低くない．また厳密にはスライダの抵抗値は飛び飛びの値になる．原理的に高抵抗は得にくい．断線の恐れがあるので，実装後に超音波洗浄を行ってはいけない．

【仕様例】R_0：10 Ω〜100 kΩ，1-2-5 ステップを基調とする．T：±10 %，TC：±50 ppm/°C以下．回転寿命：100 回．

半固定抵抗の使い方

半固定抵抗の基本的な使い方は，① 抵抗値の変化そのものを利用する，② 可変分圧器として使う，の二つに大別できます．

①は原理通りの使い方で，2番ピンと1番ピン（あるいは3番ピン）の間の抵抗変化を利用します．図2にOPアンプを使った非反転増幅回路の例を示します．

VR により固定抵抗の誤差を補正し，ゲインを正確に+2.000 倍にすることができます．この場合 R_F に対する VR の値が小さいので，VR の温度係数は表面化しません．さて図2の例ではボリュームの3番ピンと2番ピンをショートしています．これは一見むだなようですが，これはスライダが回転中や衝撃の加わったときなど何かのはずみで抵抗体から浮いた瞬間に，抵抗値が無限大になってOPアンプが飽和することを防ぐ安全措置です．

またオープン型に限らず2番ピン（スライダ）は外部の影響をいちばん受けやすい端子ですから，なるべくインピーダンスの低いところへ接続できるよう回路を工夫します．したがって4通りある R_f と VR の接続の組み合わせのうち，OPアンプの出力に VR の2番端子を接続する図2の方法に限られます．

図3はワンショット・マルチの回路例で，VR の調整で約 10 ms までのパルスを作ることができます．パルスの短い側は R_S で制限されますが，欲張って R_S を小さくし過ぎたり，R_S 自体を省略してしまうと，調整中，VR を反時計回りに回し切った際にICを壊してしまうことになります．

*

ところでOPアンプ回路の調整に低い可変電圧が欲しい場合があります．例えば図4の回路では±15 V の電源から約±100 mV の出力が得られそうですが，実際には R_1 と R_2 がよく揃っていないと中心が出ず，また VR の抵抗誤差が調整範囲を変えてしまいます．これを解決するには発想をかえて図5のようにすれば再現性がよくなります［文献(3)］．

〈図2〉正確な+2倍アンプ　　〈図3〉ワンショット・マルチ　　〈図4〉よくないバイアス回路　　〈図5〉再現性のよいバイアス回路

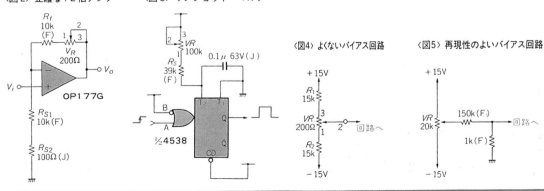

シール型；半固定抵抗
【抵抗体】サーメット
【回転数】単回転
【構造】セラミック基板の上に銀パラジウム電極を付け，その上にサーメット抵抗体を円弧状に焼き付ける．スライダはマルチ接点型が主流で，スティッ

クノブに付けられ，Oリングをはさんで，プラスチックまたは金属のケースにはめ込み，密閉構造とする．リード線のある底面は樹脂で封止される．
【特徴】比較的安価で，温度係数も低い．また密閉構造のためほこりや有害気体が入りにくい．洗浄も可能である．
【用途】一般的な産業用機器の調整用．
【注意】Oリングが挿入されているので，微妙な調整を行う場合は，バックラッシュに注意すること．また，調整可能回数の制限に注意すること．
【仕様例】R_0：10 Ω〜2 MΩ，1-2-5 ステップを基調とする．T：±10 %，TC：±100 ppm/℃以下．回転寿命：200 回．

フィルム・トリマ；半固定コンデンサ
【誘電体】ポリエチレン，ポリプロピレンまたはマイカ板
【回転数】半回転
【構造】固定子として1〜数枚の扇形の金属板と，同数の半円型の回転子を互い違いになるように組み合わせ，間に誘電体シートをはさみこんだもの．
【特徴】形状に対し比較的高い静電容量を得ることができ，静電容量の温度係数も低い．
【用途】使用周波数が数十 MHz くらいまでの電子回路．
【注意】セラミック・トリマ同様，半回転ごとに静電容量変化を繰り返す．温度係数は挟み込まれた誘電体で異なるので，カタログを確認すること．やや高価で，最近あまり見かけなくなった．
【仕様例】C_{max}：10 pF〜500 pF，最大/最小容量値はメーカや品種ごとに異なる．TC：±200 ppm/℃

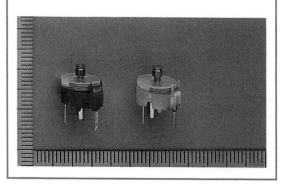

エア・トリマ；半固定コンデンサ
【誘電体】空気
【回転数】半回転
【構造】いわゆるエア・バリコンの半固定版．固定子として数枚〜十数枚の扇形の金属板と，同数の半円型の回転子を互い違いになるように組み合わせたもの．
【特徴】誘電体が空気なので，温度係数が低く，損失が少ない．
【用途】比較的大きな電力を扱う高周波回路．
【注意】ほかのトリマに比べて形状が大きくなるので，実装スペースに注意すること．また高圧をかけた場合に極間で放電を起こすことがある．羽根が変形しやすいので取り扱いには注意を要する．比較的高価で，最近あまり見かけなくなった．
【仕様例】C_{max}：5 pF〜200 pF，容量値は品種ごとに異なる．TC：±20 ppm/℃以下

セラミック・トリマ；半固定コンデンサ

【誘電体】 セラミック板

【回転数】 半回転

【構造】 セラミック製の台に扇形の金属パターンを付け固定子とする．この上に半円形のパターン（回転子）を付けた円形の薄いセラミック板を乗せ，回転できるように軸をつける．回転によって上下のパターンが薄いセラミック板を挟んで重なる面積を調整することで静電容量を変化させる．

【特徴】 半固定コンデンサとしては，もっとも一般的で安価．また温度係数が選択できる．

【用途】 使用周波数が 100 MHz くらいまでの一般電子回路．

【注意】 二つの端子には極性があり，回転子側を低インピーダンス側にする．対向面積可変型なので，半回転ごとに静電容量最大←→最小を繰り返し，増加方向も反転する．また静電容量を完全にゼロにはできない．温度係数は使用する円形セラミック板の

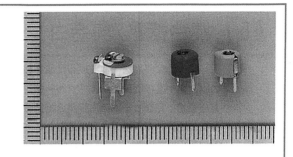

素材で決まり，同一形状ならば容量の大きいものほど温度係数も大きいので確認が必要．なお数百 pF 以上の製品の入手は困難．

【仕様例】 C_{max}：3 pF〜100 pF，最大/最小容量値はメーカや品種ごとに異なるので必ず確認すること．TC：0±200 ppm/℃〜−1400±800 ppm/℃．

ピストン・トリマ；半固定コンデンサ

【誘電体】 空気

【回転数】 多回転

【構造】 セラミック・パイプの底に固定電極を付け，反対側から金属のピストンをねじ込み，両極間の距離を変化させて静電容量を変化させる．

【特徴】 温度係数が低く，損失が少ないので GHz のオーダまで高い Q を得ることができる．

【用途】 VHF 帯以上の高周波回路．

【注意】 静電容量はごく小さな範囲に限られる．また極間距離を変化させるタイプなので，静電容量変化は直線的ではない．固定電極のストレ容量を確定するためにも回路シールドは必要．

【仕様例】 C_{max}：3 pF〜30 pF，TC：±20 ppm/℃

トリマ・コンデンサの使い方

　トリマ・コンデンサには普通，固定子と回転子の 2 端子があり，それぞれ半固定抵抗の 1 番と 2 番端子に相当します．このうち回転子は調整ねじや部品ケースにつながっており，また構造上表面積が大きくなるので，まわりとのストレ容量が無視できなくなります．

　例えば，図 6 のような水晶発振回路では回転子が GND 側になるように配慮します．これを逆にしてしまうと，調整中や手を近づけたときに周波数がふらつくことになってしまいます．

〈図 6〉 水晶発振回路

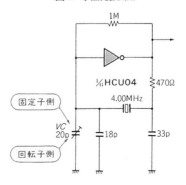

【参考文献】 (1) ベックマン・ジャパン：トリマ・ポテンショメータ・カタログ．
(2) 日本規格協会：JIS ハンドブック（電気）．
(3) 岡村廸夫：定本 OP アンプ回路の設計，CQ 出版㈱．

（5）集合抵抗/集合コンデンサ

三宅和司

同じような部品を一体形成した部品もあります．集合抵抗や集合コンデンザには実装の省力化や基板面積の削減，グループごとのパラメータ変更が簡単になるなどの特徴があります．しかし一部の薄膜集合抵抗の最大のメリットは素子のペア性にあり，単体部品では困難な高精度アナログ回路のキー・デバイスになっています．

使用用語の説明［SIP：シングル・インライン・パッケージ，DIP：デュアル・インライン・パッケージ，コモン・ピン：素子が共通接続されている端子，素子精度：素子単体の表示抵抗値との誤差，相対精度：パッケージ内の任意の素子間の抵抗差，相対温度係数：任意の素子間の温度係数差．］

DIP 型厚膜集合抵抗(同一抵抗)

【構造】セラミック基板に電極を形成し，この上にサーメット系の抵抗体を印刷・焼結後，トリミング調整を行う．これを DIP 型のセラミック・ケースに収めるか，エポキシ樹脂で封止する．

【特徴】多くのメーカから多種の製品が発売されている．DIP-IC と同じ外形なので自動挿入にも向く．また IC ソケットを使うと複数個の抵抗値を一括して変更できる．一般的なのは，①全素子が個別のタイプと，②全抵抗の片側コモン型である．

【用途】ディジタル回路のダンプ抵抗，バスの終端，7 セグメント LED などの電流制限．

【注意】形が同じようでも接続が異なる製品があるので型名表示によく注意する．製品によっては素子間のペア性がさほどよくないものもある．

【仕様例】素子数：7(14 ピン)〜15(16 ピン)．抵抗値：22 Ω〜1 MΩ，E12 系列を基調とする．素子精度：±2 ％(G)．素子温度係数：±100 ppm/℃．相対温度係数誤差：±50 ppm/℃．

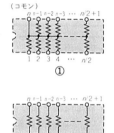

DIP 型厚膜集合抵抗 (終端用)

【構造】基本構造は普通の厚膜 DIP 型と同じだが，2 種類の抵抗を使った終端回路が集積されている．

【特徴】多数の抵抗素子の必要なディジタル・バスの抵抗終端を DIP-IC と同じケースに集積しており，たいへんコンパクト．また IC ソケットの併用で，複数のデバイスが接続される場合の終端位置を容易に移動でき，システム・アップに便利．

【用途】SCSI，SCSI-2，IPI-2 バスなどの抵抗終端，各種 FDD/HDD のバス終端．

【注意】極性に注意すること．コモン端子が外れると信号干渉が起きるので，通電中の抜き差しは行わないこと．

【仕様例】(SCSI 用シングル・エンド 18 ライン用の例)素子数：36(20 ピン DIP)．抵抗値：220 Ω/330 Ω．インピーダンス誤差：±5 ％(J)．素子温度係数：±100 ppm/℃．

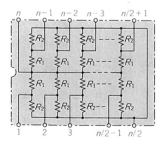

SIP 型厚膜集合抵抗（同一抵抗）

【構造】 回路と電極パターンを形成したセラミック基板に，サーメットまたは酸化金属系の抵抗体を印刷・焼結し，必要に応じてトリミングを行う．これにリード・ピンを付け，保護塗装後，マーキングする．

【特徴】 ディジタル回路のプルアップ用などとしてよく見かける．各社から発売されており低価格．

　SIP 型なので基板占有面積を小さくでき，同時に実装の省力化もはかれる．また抵抗体の精度/温度特性もカーボンと同等以上．数種の回路があるが，一般的な接続は，① 全素子の片側が共通なタイプと ② 全素子分離型である．標準品に加え，高電力型や小型化品，難燃性塗装仕上げ，シュリンク・ピッチ対応，高密度デュアル SIP 型などバリエーションも豊富．

【用途】 ① ディジタル回路のプルアップ/ダウン，

通常タイプ

カレント・ミラー，② 電流制限抵抗，ダンプ抵抗など．

【注意】 同一形状でも接続が異なることがあるので，型番表示に注意する．①はコモン・ピンの方向に注意．

【仕様例】 素子数：2〜18(4〜11 ピン)．抵抗値：22 Ω〜1 MΩ，E12 系列を基調とする．素子精度：±2 %（G），±5 %（J）．素子温度係数±200 ppm/°C．

高電力タイプ（1/4 W）

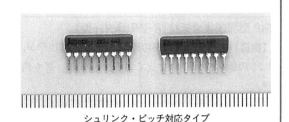

シュリンク・ピッチ対応タイプ

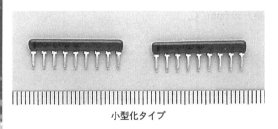

小型化タイプ

高密度デュアル SIP タイプ

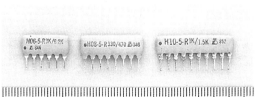

難燃コーティング・タイプ

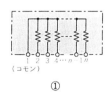

①

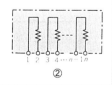

②

基板内終端

　最近はクロック・スピードが 100 MHz を越える CPU が使われるようになり，文献1にも示されているとおり，基板内の信号反射による誤動作が問題になる時代に突入してしまいました．こうなると基板パターンのインピーダンス計算はもちろん，基板内終端が不可欠になりつつあります．

　例えば，厚みが 1.6 mm の標準的なエポキシ4層基板（外層厚み 0.5 mm，ε_r=4.7，内層はベタに近

文献1：畔津明仁；ハード設計ワンランク・アップ，CQ 出版㈱．

SIP 型厚膜集合抵抗（終端用）

【構造】 基本構造は同一抵抗値のものと同じ．有効ピン当たり2種の抵抗が接続されている．

【特徴】 ディジタル・バスの終端用に作られ，2種類の抵抗でそれぞれ電源とGNDへ接続するタイプが一般的．同一抵抗のSIP型2個分に相当し，省力化が図れる．

【用途】 VMEバスなどディジタル回路の中間電位終端．

【注意】 コモン端子は二つあるので，取り付け方向に注意．コモンの片側を解放すると信号間干渉が起きる．

【仕様例】 素子数：32(16ビット用18ピン)，64(32ビット用34ピン)．抵抗値：220Ω/330Ω，330Ω/470Ω．素子精度：±5%(J)．温度係数±250ppm/℃．

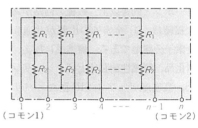

SIP 型厚膜集合抵抗（R-2R ラダー型）

【構造】 基本構造はほかの厚膜SIP型と同じだが，1：2の抵抗樹回路になっている．トリミングも特殊．

【特徴】 回路がR-2Rラダーの接続になっており，重み付け後のビット誤差をトリミングによって小さく抑えているので，CMOSゲートや双投型のアナログ・スイッチなどと組み合わせると簡単にD-A変換回路や電子ボリュームが構成できる．

【用途】 D-Aコンバータ，電子ボリューム．

【注意】 「GNDピン」や使わない下位ビット端子を回路GND，V_{REF}またはLSB端子に接続することでビットの重みとオフセットが微妙に違ってくる．

誤差性能は規定の使い方でないと保証されない．準標準品であり入手はやや困難．

【仕様例】 素子数：8(4ビット)，16(8ビット)．抵抗値：10kΩ/20kΩ，25kΩ/50kΩ，50kΩ/100kΩ．出力インピーダンス誤差±2%(G)，±5%(J)．ビット精度：±1/2LSB以下．素子温度係数±30ppm/℃．

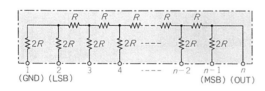

いと仮定)の表面に0.15mmのパターンを引いた場合，文献2に掲載されている近似式を使って，パターンのインピーダンスは約110Ω，100MHzにおける$\lambda/4$は約42cmと計算できます．

少々大きめの基板ですと，この距離に近い引き回しはありそうですから要注意です．送出側の整合は

ともかく，これを3/5V_{cc}あたりで抵抗終端するとなると180Ω/270Ω前後の組抵抗が必要です．

そのうちクロックや制御線だけでなく，バスの基板内終端も一般的になると思われますが，ここに取り上げたRまたはRCネットワークなどを利用することも解決法の一つになると思います．

文献2：E. H. Fooks, R. A. Zakarevicius；Microwave Engineering Using Microstrip Circuits, Prentice Hall Pty Ltd..

SIP 型薄膜集合抵抗（同一抵抗）

【構造】 セラミック板に電極パターンを形成し，この上に真空蒸着とエッチングで金属薄膜抵抗体を作り，レーザ・トリミングで抵抗値を合わせ込む．これにリード・ピンを付け，2 重の保護塗装をかける．

【特徴】 よく見かけるのは 2 素子のセンタ・コモン型．抵抗精度が高く，温度係数が小さく素子雑音も小さい．しかし最大の特徴は同一パッケージ内の抵抗のペア性が高く，温度係数が揃っているところにある．複数のメーカが製造しているが，なぜかあまり見かけない．

【用途】 高精度アナログ演算回路，関数発生器．

【注意】 ペア性は同一パッケージ内にだけ適用される．パッケージになるべく温度勾配を作らないこと．

【仕様例】 素子数：2〜8（3〜9 ピン）．抵抗値：51

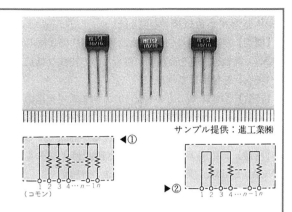

サンプル提供：進工業㈱

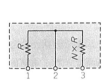

Ω〜22 kΩ（E24 系列を基調とする）．素子精度：±0.1 %（B）〜±1 %（F），相対精度：±0.1 %〜±0.5 %．素子温度係数：±25 ppm/℃，±50 ppm/℃．相対温度係数：±5 ppm/℃〜±25 ppm/℃．

SIP 型薄膜集合抵抗（異種抵抗）

【構造】 基本構造は同一抵抗の製品と同じだが，抵抗パターンを工夫して違った抵抗値を高精度に得ている．

【特徴】 正確に整数比をもった組抵抗が得られ，しかもパッケージ内のペア性が保証されている．

【用途】 高精度アナログ増幅回路，アッテネータ．

【注意】 基板面積に余裕がある場合は，同一抵抗型の組み合わせ回路も検討してみること．

【仕様例】 素子数：2（3 ピン）．素子抵抗値：100 Ω/1 kΩ，1 kΩ/10 kΩ，3 kΩ/12 kΩ，2 kΩ/18

kΩ．素子精度：±0.5 %（D）．相対精度：±0.1 %，素子温度係数：±50 ppm/℃．相対温度係数：±25 ppm/℃．

DIP 型薄膜集合抵抗（同一抵抗）

【構造】 セラミック基板上に真空蒸着とエッチングで金属薄膜抵抗体を形成し，レーザ・トリミングで値を調整する．これを IC 用のリード・フレームに載せ，保護シール後，エポキシ・モールドで封止する．

【特徴】 個々の素子の精度はもちろん，パッケージ内の相対精度がもっとも高い．各素子は同一抵抗値ではあるが，接続法を工夫すれば多くの抵抗比を作ることができる．自動実装も容易．

【用途】 高精度アナログ演算回路，関数発生器，高

CMRR 差動増幅器，高精度アッテネータ．

【注意】 ペア性は同一パッケージ内に限定されるので，複数個使用するときは，回路図にも区切りを明確に示すこと．また定格電力は小さいので十分注意すること．

【仕様例】 素子数：4，7，8，13，15 素子（8，14，16 ピン）．素子抵抗値：100 Ω〜50 kΩ，E6 系列＋1-2-5 ステップ．素子精度：±0.1 %（B）〜±0.5 %（D），相対精度：±0.05 %，±0.1 %，素子温度係数：±50 ppm/℃．相対温度係数：±5 ppm/℃．

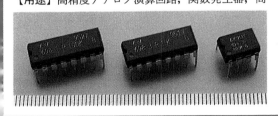

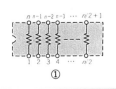

①

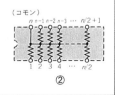

②

DIP 型薄膜集合抵抗（異種抵抗）

【構造】 基本構造は同一抵抗の薄膜 DIP 型と同じ
だが，異種抵抗値を高精度に得るための特殊な抵抗
パターンを採用している．

【特徴】 ① 2^n 系列のものと② 10^n アッテネータ用の
ものがある．同一抵抗型と同様，個々の素子および相
対精度が高く，簡単に高精度の分圧器が構成できる．

【用途】 高精度アッテネータ，高精度ディジタル
VCA，DMM，プログラマブル電流/電圧源．

【注意】 ②では定格電圧に注意が必要．高速回路で
は浮遊容量に注意し，必要に応じて位相補償を行う．

【仕様例】 素子数：4（8 ピン）．抵抗値①：1/2/4/8
$k\Omega$，10/20/40/80 $k\Omega$，②：1/9/90/900 $k\Omega$．素子
精度：±0.5 %（D）．相対精度：±0.1 %．素子温度
係数：±50 ppm/℃．相対温度係数：±5 ppm/℃．

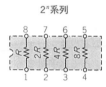

2^n 系列

10^n アッテネータ用

SIP 型コンデンサ・ネットワーク

【構造】 一般のハイブリッド IC と同じように，セ
ラミック基板上のパターンにチップ・コンデンサを
載せ，リード・ピンを取り付けたあと，保護塗装し
たもの．

【特徴】 基板に縦に取り付けられ，また形状が小さ
いので，基板面積と実装工数を低減できる．電気的
特性は個別のセラミック・チップ・コンデンサと同じ．

【用途】 ディジタル基板の入力回路，ノイズ・フィ
ルタ，タイミング調整．

【注意】 セミカスタム品のため，事前にメーカと打
ち合わせが必要．

　小容量品では浮遊容量とインダクタンスに注意す
ること．逆に高誘電率系を使った大容量品では精度
および温度係数が極端に悪化する．

【仕様例】 素子数：2〜13（4〜14 ピン）．容量値：
10 pF〜0.47 μF，E24 系列．素子精度：±2 %（G）
〜+80/−20 %（Z）．素子温度係数：±30 ppm/℃
〜+22 %/−82 %（−30〜+85 ℃）．

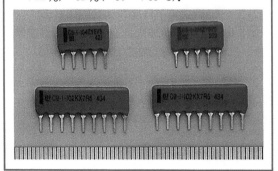

SIP 型 CR ネットワーク

【構造】 SIP 型コンデンサ・ネットワークに印刷抵
抗による回路を加えたもの．さらに表面実装用ダイ
オードを搭載したものもある．

【特徴】 ディジタル回路の煩雑な入出力回路部分を
コンパクトにまとめることができ，基板面積と実装
工数をかなり低減することができる．

【用途】 ディジタル基板の入出力回路，誤動作防止，
短絡/過電圧保護，EMI 対策，遅延回路，終端回路．

【注意】 パラメータの組み合わせが多いので，セミ
カスタム品を使用するか特注することになる．いず
れもメーカとの打ち合わせと，十分な評価実験が不
可欠．なお時定数精度はコンデンサ特性が支配的．

【仕様例】 素子数：2〜36（4〜14 ピン）．抵抗値：
10 Ω〜2.2 $M\Omega$，容量値：10 pF〜0.47 μF，抵抗精
度：±2 %（G），±5 %（J）．容量精度：±2 %（G）
〜+80/−20 %（Z）．抵抗温度係数：±100
ppm，±300 ppm．容量温度係数：±30 ppm/℃
〜+22 %/−82 %（−30〜+85 ℃）．

資料 1，2：RC ネットワークカタログ VOL.1，2，BI テクノロジ・ジャパン㈱
（旧日本ベックマン・インダストリアル）．
資料 3：VME バスターミネータ・カタログ，㈱アイレックス．

（6）コイル/コア

三宅和司

抵抗/コンデンサ/コイルは電気回路の基本3要素ですが，最近はコイルを回路定数として使う機会が少なくなり，逆にノイズ対策用のコイル複合部品がさかんに使われるようになりました．この動きとともにブラックボックス化が進み，非線形要素の多いコイルをめぐるトラブルも増えています．ここではコアの形からコイルを考えてみました．

コイルの分類

コイルは構造的に磁気回路(コア)と巻き線の二つに分けられますが，コイルの特徴は，コアで決まることが多いものです．またコアを特徴づける要因として，コア材とコア形状の二つがあります．

コア材には従来の鉄シート系やフェライト系に加え，高性能金属圧粉やアモルファス合金なども登場してきました．また，例えば同じフェライト系でも，透磁率や飽和磁束密度，周波数特性など重視する特性によって，たいへん多くの種類があり，たとえ見た目は同じようでも磁気特性はまったく違います．

一方コアの形には，希望の電磁気特性とコイルの作りやすさとのトレードオフの様子がよくにじみています．そこで，少々乱暴ではありますが，筆者はコイルを代表的な9種類のコア・タイプに分類してみました．

アキシャル型

【磁性体】フェライト系
【構造】棒状のフェライト材にコイルを巻き，周囲をプラスチック・モールドしたもの．インダクタンス値はカラー・コードで表示されている．
【特徴】外観はソリッド抵抗器にそっくりで，自動挿入にも向く．
【用途】高周波フィルタ．小信号の高周波チョーク．
【注意】あまり大きいインダクタンス値は得られない．

また，飽和電流が小さいことが多いので，通過する直流電流に注意すること．漏洩磁束が多いので，複数個を近接して実装する場合には直交配置にするなどして干渉を防ぐ．

ネジ型

【磁性体】フェライト系
【構造】いもねじの形にフェライトを焼成したもの．
【特徴】コイルをコアに直接巻き付けるか，ボビンに巻いたコイルにコアをねじ込む．コアの抜き差しでインダクタンスを調整することができ，コアがコイルの中心にあるとき最大になる．自作には7K，10Kなどのセットが便利．完成品にはアマチュア無線のバンドごとにシリーズ化された製品もある．
【用途】高周波同調回路，高周波フィルタ，高周波/中間周波トランス．
【注意】同一形状でもコア材の種類が多数あるので，混同しないこと．コア材はもろいので，プラスチック製などのコア回しを使うのが無難．ボビンの足ピッチは2.54mmでないことが多く，無理に差し込もうとすると破損することがある．シールド・ケースはきちんと処理しないと，かえって不安定になる．漏洩磁束による干渉をさけるため，複数個を実装するときは間隔や向きに注意すること．

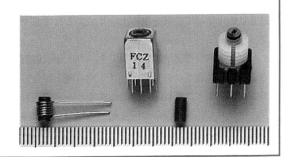

ドラム型

【磁性体】 フェライト系

【構造】 ドラムの形にフェライトを焼成したもの.

【特徴】 コア自身がボビンの形なので巻きやすく,自作にも便利.また縦型なので実装密度を高くでき,自動実装にも向く.

市販の小型インダクタは,このタイプのコアにコイルを巻いて,熱収縮チューブや樹脂外装をしたり,円筒形のプラスチック・ケースに納めたりしているものが多い.また円筒形のフェライト・ケースをかぶせた磁気シールド型もある.

ポット型

【磁性体】 フェライト系

【構造】 円筒形で,断面が英文字のEの形になるようなフェライト・コアを2個合わせたもの.このなかにコイルを巻いたボビンを入れて使用する.

【特徴】 コイルを別に巻いて用意でき,作りやすい.

基本的に磁力線を閉じ込める内磁型なので磁気効率が良い.コアの合わせ面はエア・ギャップによる磁気損失防止のため,鏡面仕上げになっているものがある.逆に両方のコアの合わせ面に切り欠きを作り,片方のコアを回転することでインダクタンスを調整できるような製品もある.

【用途】 高周波トランス,パルス・トランス,DC-DCコンバータ,中～高インダクタンスの可変コイル.

【注意】 組み立て精度でインダクタンスが変わることがある.またコアはもろく欠けやすいのでクリップを付けるときは慎重に.とくにエア・ギャップのないタイプでは飽和電流に注意すること.

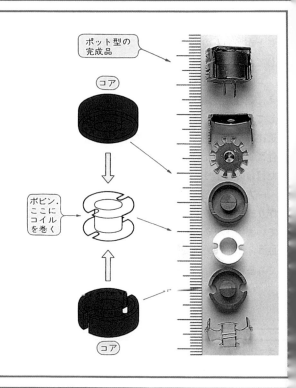

ポット型の完成品

コア

ボビン.ここにコイルを巻く

コア

インダクタンスの定義

小学生のときに習った電磁石を思い浮かべてみてください.コイルに電流を流すと磁界が発生し,軟鉄芯は磁化されて磁束を生み出します.これで釘やクリップがくっつくのです.

今度は中学の電磁誘導の実験です.コイルに磁石を近づけたり遠ざけたりするとコイルに電圧が生じますが,この大きさは磁石を動かすスピードで変わり,静止している場合には何も起こらないことに注目してください.

さて再び電磁石へ戻って,いまコイルに電流を流し始めたとします.すると磁束の数もゼロから上昇しはじめます.ところがこれは磁石を近づけたのと同じことになり,電磁誘導で電圧が発生しますが,これはコイル電流とは逆方向です.したがってコイルの電流はすぐには上昇せず,ぐずぐずと上昇しようとします.これは電流を切る場合も同じです.

つまり「コイルの電流が変化する」→「磁束が変化する」→「逆電圧が発生する」のプロセスが起こ

【用途】LCフィルタ，高周波チョーク，信号用ノイズ・フィルタ，電源用ノイズ・フィルタ．

【注意】同一インダクタンスでも，対象周波数帯や飽和電流によってシリーズが異なるので，選択に注意．

　非磁気シールド型は漏洩磁束が多いので，複数のコイルを実装するときは相互干渉のないよう十分な距離をおくこと．とくに高周波や微小信号回路の場合は，巻き始め/巻き終わりの極性で性能が変わるので，取り付け方向に注意すること．導電性の高いコア材もあるので絶縁に注意すること．

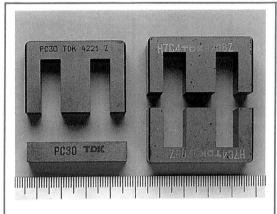

EI 型，EE 型

【磁性体】フェライト系

【構造】EI 型は英文字の E と I のような形のフェライトコアを合わせたもの．EE 型は E 文字型のコア同士を2個組み合わせたもの．E の中棒にコイルを巻いたボビンを差し込んで使用する．

【特徴】先にボビンにコイルを巻いておけるので，組み立てしやすい．また内磁型であるので磁気効率が良い．

　コアの材質や外形の種類が多く充実している．コアの合わせ面は磁気損失防止のため，密着するのが普通であるが，わざとセパレータでギャップを作ることもある．

【用途】スイッチング・レギュレータのトランス，DC-DC コンバータ．インバータ．高エネルギの高周波チョーク・コイル．

【注意】ピーク・エネルギを考慮に入れて，飽和の起こらない適切なコアを選択すること．エア・ギャップ量でインダクタンスが大きく変動するので，組み

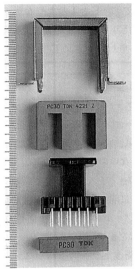

立て精度や止め方，接着剤や含浸剤などに注意すること．エア・ギャップを設けた使い方では，ギャップの周囲の漏洩磁束密度が高くなりノイズの原因になることがある．

り，その度合いがインダクタンス（記号 L で表示される）で，コイルらしさの指数です．単位は H（ヘンリ）で，毎秒1Aの電流変化を与えたときに発生する逆電圧が1Vのとき，そのコイルのインダクタンスを1Hとします．もちろん比透磁率の高いコアを使うと，単位電流変化当たりの磁束変化が大きくなりますから，当然インダクタンスも大きくなります．よく使う単コイルのインダクタンスは0.1 μH〜100 mH 程度です．

　ところで，もしコイルの巻き数を2倍に巻き足したとすれば，発生する磁束は2倍になりますから，電流変化に対する磁束変化も2倍になります．一方電磁誘導も巻き数が2倍になったので，発生する逆電圧もさらに2倍になりますから，結局同じ電流変化に対して4倍の逆電圧が発生し，従ってインダクタンスは4倍になります．つまりインダクタンスはコイルの巻き数の2乗に比例します．

EI シート型
【磁性体】鉄系
【構造】英文字の E と I のような形の薄い磁性体シートを何枚も重ね合わせたもの．磁気損失を小さくするため，重ねるときに E 文字の方向を層ごとに互い違いにしている．

【特徴】先にコイルを巻いておくので組み立てやすい．コアの重ね合わせで磁気効率が良く，材料の透磁率が高いので高インダクタンスの製品が得られる．また打ち抜き型のコアは加工しやすく製造コストが安い．ユーザが自分で作ることはまれで，完成品は電源トランスとしてよく目にする．

【用途】電源トランス，低周波結合トランス．電源チョーク．

【注意】音声帯域以上の周波数帯には向かず，無理に使用しても鉄損で発熱する（電磁調理器の原理）．
　飽和を避けるために電源トランスの一次電圧や最大2次電流は遵守すること．またインダクタンス精度はあまり追求できない．

トロイダル型
【磁性体】フェライト系，アモルファス系，金属圧粉
【構造】ドーナツの型に磁性材料を整形したもの．
【特徴】磁気回路に継ぎ目がなく，原理的に漏洩磁束が発生しないので，磁気効率がとても良く，外部に対する電磁ノイズ放射も小さいので，エネルギ・コンバータに向く．またコアの種類が多く，大電流のノイズ・フィルタ用から，小信号のパルス・トランスまで対応できる．
【用途】高周波トランス．パルス・トランス．DC-DC コンバータのインダクタ．高周波チョーク．ノイズ・フィルタ．電流センサ．
【注意】周波数特性や透磁率，飽和曲線などのパラメータをよく確認してコア材/製品を選ぶこと．原則としてノイズ対策用の製品は信号用には適さない．また飽和しやすいので，ピーク電流を考慮した適切なコア・サイズ/製品を選択すること．コアは分割できないので，自作するときはコイル巻きの都合も考えてコア内径を選ぶこと．コア材によっては導電度の高いものもあるので，絶縁塗装を行ったり，テープを巻くなど，絶縁に十分注意すること．

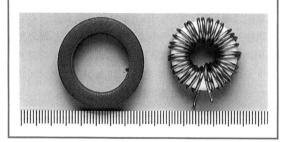

コイルの等価回路

　理想的には，コイルはインダクタンス成分だけあればいいのですが，現実のコイルには図1のようにやっかいな寄生要素があります．まずコイルを巻くと，巻き線と巻き線の間にコンデンサが形成されます（寄生容量 C_p）．この値はコイルの巻き方でかなり違ってくるのですが，0 にはできませんし，インダクタンスをかせごうとたくさん電線を巻くと増えてしまいます．また R_W は巻いた電線の抵抗成分，R_Cはコアの損失で周波数依存性があります．寄生容量 C_pはインダクタンス L と並列共振回路になってしまうのでやっかいです．コイルのカタログには自己共振周波数として記載されていますので，これを越えて使うことはできません．実際には引き込みやひずみを考慮してこの1/10ぐらいが限界になります．高周波チョークに使うときも，C_pのおかげでさっぱり効かなくなりますので，Lをあまり欲張らないようにするか，複数のコイルをテーパ付き直列接続にします．

　R_Cも高周波限界を決める要因で，ノイズ対策用フェライト・ビーズはこれを積極的に使った例です．

〈図1〉
現実のコイル
の等価回路

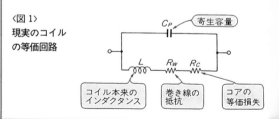

ビーズ型

【磁性体】フェライト系

【構造】肉厚のパイプ状に，比較的高周波損失の大きなフェライト材を焼成したもの．

【特徴】コイルを巻くのではなく，部品のリード線や電線，コネクタ・ピンなどに通すだけである．リード線付きの製品は，抵抗と同じように実装する．

作用には1回巻きトロイダルとしてのコイル成分と，コア材による高周波損失成分の二つの側面がある．

【用途】ノイズ・フィルタ．高周波の寄生発振防止．

【注意】コア材によって周波数の守備範囲が違うので，必ずカタログを見ること．形状は目的のインピーダンスで選択する．万能薬ではないので原理をよく理解して挿入点を決めたり，回路側の工夫をしないとむだになることがある．

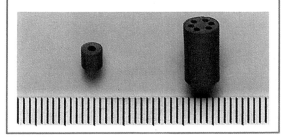

空芯型

【磁性体】空気

【構造】ボビンにコイルを巻いたもの．あるいは巻き線そのもの．

【特徴】コアがないので磁気飽和を考えなくてよいが，インダクタンスは小さい．また磁束がそのまま外部に漏れる．ボビンのないものは巻きピッチが変わるように変形すればインダクタンスを粗調できる．

【用途】HF〜UHF の高周波同調/フィルタ/チョーク・コイル．コアレス・モータのステータ．電磁結合型充電器．

【注意】複数のコイルを実装する場合は，間隔をあけ，直交配置にするなど磁気干渉に注意すること．

ボビンなしの場合はパラフィンなどで機械的に固定しないと，振動でインダクタンスが変化し，発振回路ならばFM変調がかかってしまう．

コイルの飽和

コアのない電磁石を思い浮かべてみてください．コイルに電流を流すと磁界が発生しますが，空気（真空）中の透磁率は小さく，発生する磁束はわずかです．次にこれに磁性体コアを挿入すると，コアは磁化されて強い磁束を生み出します．この比が比透磁率（μ_r）で，コア材により数十〜数万にも及びます．

さてコア入りの電磁石に流す電流をどんどん増やしてゆくと，発生する磁力も増えてゆきそうですが，実は図2のように，あるところで急に増加率が小さくなり，ほとんど磁力が変化しなくなります．これを磁気飽和現象と呼び，飽和したときの磁束密度はコアの材質によって決まります．

インダクタンスは「コイルの電流が変化する」→「磁束が変化する」→「逆電圧が発生する」のプロセスで発生しますので，コアが飽和してしまうと電流変化→磁束変化の部分がうまくゆかなくなり，インダクタンス値がいきなり空芯コイル相当付近に激減します．コイルを選択するときは，インダクタンス値だけでなく飽和電流値も要チェックです．また不要な直流電流はカットする，回路上の工夫も必要です．これを怠ると，突然コイル・ドライバが壊れたり，さっぱり効かないノイズ・フィルタができあがってしまいます．図のグラフが2重になっているのは，一度コアを磁化したあと電流を0にしても磁束が残るためで，ヒステリシス現象と呼びます．

〈図2〉
ヒステリシス
曲線

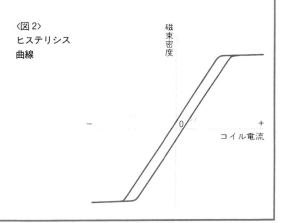

【参考文献】
(1) TDK ㈱；'94TDK 総合製品ガイド
(2)㈱トーキン；'90-91TOKIN PRODUCTS
(3)ストーファー・ジャパン㈱；フェライト製品カタログ

（7）トランス

編集部

トランスは電磁誘導の法則を利用した鉄と銅のかたまりで，軽薄短小の最近ではあまり歓迎されない部品の一つです．半導体のような派手な進化もなくて地味な部品ですが，電圧あるいは電流の昇圧/降圧あるいは，回路のインピーダンス変換に欠かせない重要な部品です．

最近は面実装技術の進歩に合わせてトランスの小型化，薄型化も進んできています．

汎用電源トランス

トランスで一番なじみがあるのは電源トランスでしょう．日本の商用電源はAC100 Vで周波数が50/60 Hzですから，使用するトランスは硅素鋼板を使ったものがほとんどです．

写真に示すのはE形とI形に打ち抜いた鉄心を交互に積み重ねたもの…EIコアを使用したもので，構造的には外鉄型と呼ばれています．

電源トランスの2次側電圧・電流は用途によって異なりますから，一般には仕様書を書いて専門メーカに製作してもらうことになります．

電源トランスは電圧の変換だけでなく，ノイズを遮蔽する役割もあります．産業機器などでノイズ対策を行うときは，トランスの1次-2次間に静電シールド，電磁シールドを行うことも欠かせません．

パルス・トランス

パルス・トランスは主にディジタル信号の絶縁を行うときに使用します．仕組みは普通のトランスと同じですが，数μs〜数十μsのパルス信号を伝達するのが目的で，電話交換機，LAN用送/受信インターフェースに多く使われています．メーカによっては汎用スペックのものも商品化されてます．

パルス・トランスを使用するときはパルス波形の定義にも精通しておくことが必要です．

図にパルス波形とその名称を示しておきます．

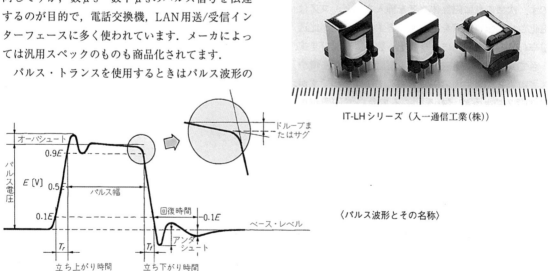

IT-LHシリーズ（入一通信工業(株)）

〈パルス波形とその名称〉

34

スイッチング電源用トランス

電子機器に使用される電源のほとんどはスイッチング電源になってきました．回路の主体がディジタルになったこと，高効率・小型化が図れることが最大の理由です．

スイッチング電源用トランスは，同じ容量を扱うにしても小型になります．数十 kHz〜数百 kHz にわよぶ周波数のスイッチング信号を通すのに，フェライト・コアがちょうど良い役割を示したことは神さまの恵みといえるでしょう．

商用電源トランスと同じく，スイッチング電源トランスも，ほとんど仕様書からの注文生産です．数個だけ試作したいときは手作りという技もあります．フェライト・コアの使い方，トランスの作り方は一度学んでおきたいものです．

写真に示すのはいずれもプリント基板取り付け用に設計されたもので，縦型，薄型のものをそれぞれ示します．

なお，スイッチング電源の内部をのぞいて見ると，たいていは電源トランスと同じような形のものが他にも見つかりますが，それはたぶんチョーク・コイルです．スイッチング電源ではチョーク・コイルが，トランスと同じような重要な役割を果たしています．

IT-PH シリーズ（入一通信工業(株)）

下の写真は実際のスイッチング電源モジュールの内部を示します．

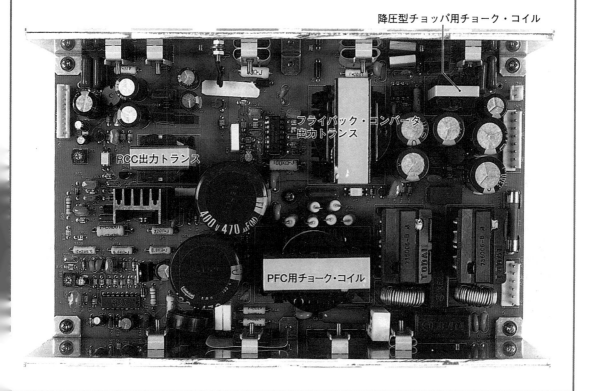

降圧型チョッパ用チョーク・コイル

フライバック・コンバータ
出力トランス

RCC出力トランス

PFC用チョーク・コイル

ISDN用インターフェース・トランス

このトランスも基本的にはパルス・トランスと同等です．ただし，ISDNインターフェースの規格（ITU-T I.430）に則っているところが特徴で，時分割多重伝送システムのインターフェースICに整合するようになっています．

パルス・トランスもそうですが，この種の多くのトランスは高透磁率Mn-Zn系フェライト材が使われています．

IT-LGシリーズ（入一通信工業(株)）

電話線用ライン・トランス

モデムなどに使用されているインターフェース・トランスです．1次側インピーダンスは600Ωになっており，ほかにNTT回線に接続するための諸条件として挿入損失，直流重畳電流，周波数範囲などを満たすように設計されています．モデムの小型化，薄型化（カード対応）に対応して，コンパクト化した商品が数多く出荷されています．

下の写真は実際の多機能（PCMCIA）カードに実装されたものです．薄型のパルス・トランスやモデム用トランスが使われています．

IT-L15Hシリーズほか（入一通信工業(株)）

パルス・トランス

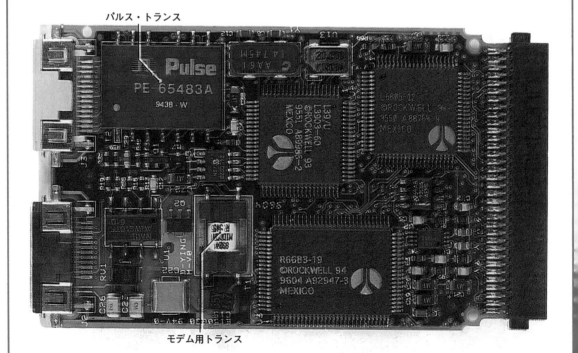

モデム用トランス

（8）高周波発振子/発振器

三宅和司

水晶をはじめとする発振子は，電子回路の正確なクロック源として一般的です．ここでは機械-電気共振を使った発振子や，これに発振回路も組み込んだ発振モジュール（発振器）のうち，よく目にするものを選んでみました．これらの素子は単純な *LC* 同調回路に比べて *Q* がたいへん高く，電子回路の中ではもっとも容易に ppm 単位の精度が得られ，回路全体の精度向上の鍵となるデバイスですが，うまく使いこなすにはそれなりの配慮が必要です．

使用記号の説明〔*f*：周波数，C_L：負荷容量，Δf：使用温度範囲における周波数偏差（単位 ppm）〕

水晶発振子

【共振体】 水晶片

【構造】 人造水晶バーから，所定の角度と厚みに水晶片を切り出し，目的の周波数に合わせて研磨する．これに金属を蒸着/エッチングし電極とする．素子は金属缶に収めるか，プラスチック・ケースに封入する．

【特徴】 通称「クリスタル」．水晶のピエゾ効果を利用した機械-電気共振子で，基本波振動そのものを使う製品のほかに，基本波の奇数倍（3, 5, 7, 9）の高調波を使うオーバートーン型がある．

結晶から切り出す立体角で特性が異なるが，ATカット水晶は比較的特性が良く，もっとも一般的である．CPU の普及とともにディジタル回路での需要が広がり，価格もこなれてきた．表面実装用など小型化が進んでいる．

【用途】 汎用 CPU のクロック，各種電子機器の基準発振，通信機の原発振/ローカル発振器，PLL 回路，テレビ/ビデオの色再生回路，DTMF ジェネレータなど．

【注意】 基本波とオーバートーン製品は外形からは判断できない．24 MHz 前後で混在していることが多いので，無調整回路で発振回路を組むときは注意が必要である．発振回路のパラメータが不適当だと，基本波の水晶がオーバートーンで発振したり，その逆が起こったりする．なお，オーバートーン周波数は基本波の正確な奇数倍とはならない．

発振の安定性は外部回路が左右することが多く，とくに低温時の負荷容量とゲインには注意する．共振回路部分を長く引き回したり，寄生容量の大きい基板パターンは発振安定性を損なう．水晶の金属ケースをグラウンドに接続することで容量変化を少なくすることができるが，はんだ封止型の製品では気密性に気をつけること．

温度と周波数偏差の関係は直線的ではなく，たとえば AT カット水晶は 3 次関数曲線となる．需要の多い標準周波数の製品は納期/価格とも良くなったが，特注はしにくくなった．

【仕様例】 *f*：500 kHz～100MHz，Δf：±50～250 ppm（@ -20 ℃～$+80$ ℃）

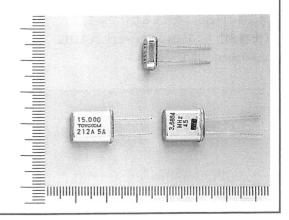

セラミック発振子

【共振体】 圧電セラミック板

【構造】 電極を付けた薄い圧電セラミック板にリード線を接続し、全体にオーバーコートを行う。これをさらに樹脂コーティングするか、プラスチック・ケースに収めて樹脂封止する。

【特徴】 通称「セラロック」（商品名）。ほどほどの Q 値をもつ機械-電気共振素子。扱いやすく、安価で大量生産にも適している。

また、AT カットの水晶発振子に比べて低い周波数の発振子でもコンパクトである。適当な可変容量ダイオードと組み合わせて、比較的広い可変域をもった VCO 回路を構成することも可能。

【用途】 赤外線リモコンの発振、ワンチップ CPU のクロック発振、ゲーム機、ビデオ用 VCO.

【注意】 水晶に比べて Q が低く、周波数偏差や温度係数も大きいので、精度をあまり必要としない回路に限られる。水晶に比べて高 C/低 L のため、共振点が低インピーダンス側にシフトしているので、発振回路の駆動能力とゲインに注意する。市販品は周波数帯や用途別に細分化されているので、カタログをよく見て選択する。なお需要の多い標準的な周波数以外の製品の入手は、水晶発振子より困難である。また発振波形には高調波が多く含まれるので、スプリアスや異常発振に注意する。

【仕様例】 f：190 kHz〜50 MHz, Δf：±3000 ppm（−20 ℃〜＋80 ℃）

表面弾性波（SAW）共振子

【共振体】 $LiTaO_3$/$LiNbO_3$ 膜など

【構造】 支持基板にリチウム・タンタレートなどの膜と電極を付け、これを金属缶に収める。

【特徴】 膜表面を伝わる表面音響波を使用するので、ほかの共振素子の苦手な VHF 帯の直接発振が可能で、比較的高い Q 値をもつ機械-電気共振素子である。小型で、温度係数や周波数偏差もかなり良好である。

【用途】 ビデオやゲーム機の RF モジュレータ、無線式ロック、無線のローカル発振器。

【注意】 共振点は低 C/高 L なので、パターンの引き回しに注意すること。また、素子の等価直列抵抗が高く、比較的損失が大きくなるので、発振回路の入力インピーダンスやゲインに注意すること。標準周波数は用途別に数種あるだけである。

【仕様例】 f：55.24 MHz〜211.24 MHz, Δf：±500 ppm（−10 ℃〜＋80 ℃）

音叉型水晶発振子

【共振体】 音叉型水晶

【構造】 所定の角度と厚みに切り出した水晶板をエッチング技術で音叉の形にする。これに電極を付け、円筒形の金属ケースに封入する。

【特徴】 もともと腕時計用に開発された発振子で、低い周波数にもかかわらず超小型で、とくに室温付近で精度が高い。なお、似た形状で非音叉型の高周波シリンダ水晶とは発振原理が異なる。

【用途】 腕時計、置時計、CPU 用リアルタイム・クロック、測定器のタイム・ベース、FM ステレオ変調/復調。

【注意】 規定の励振レベルはたいへん小さいので、発振回路を設計する場合は注意が必要である。また同様の理由でノイズ対策が必要な場合がある。負荷容量は小さく、水晶単体の精度を引き出すためには、寄生容量を含めた容量安定性に注意すること。

【仕様例】 f：32.768 kHz, Δf：＋10/−120 ppm（−10 ℃〜＋70 ℃）, C_L：15pF

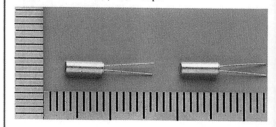

資料提供：東京電波㈱

水晶発振のモード

よく知られているように，水晶などの圧電材の薄板に電圧をかけると機械的変形を起こし，逆に機械的変形によって電圧を生じます．一方，水晶の薄板には機械的（音響的）な共振点があり，振動が厚みすべり方向に発生すると仮定すれば，これを薄くするほど共振周波数は高くなります．

この機械的な共振周波数（f_o）に一致する電気信号を外部から与えてやると，先の機械-電気変換が相互に起こって，電気的な共振現象が観測されます．

もちろん与える電気信号の周波数が f_o よりはるかに低い場合や高い場合は，このような相互作用は起こらず，発振子は誘電体として水晶を挟んだただのコンデンサのようにふるまいますが，f_o 付近では特性が激しく変動し，図1のようにa点で一度 L 性（誘導性＝コイル）になったあと，図のb点で急激に C 性（容量性＝コンデンサ）に戻ります．

水晶発振子で発振を起こすには，このa点からb点までの L 性になる部分を使い，これと外部コンデンサ（負荷容量）で共振させます．つまり発振子自体はコイルとして使うわけです．

図2に水晶発振子の等価回路を示します．実際にはa点とb点の周波数幅はたいへん狭く，高精度の発振が可能になります．また，負荷容量をある範囲で加減すると，b-a間の周波数で発振周波数の微調ができます．発振回路は，発振子を L 性（コイル）として使用するので，L 成分が1個で済むコル

ピッツ回路などが便利です．

ひずみの少ないサイン波を取り出したい場合は，トランジスタを使った発振回路を組むのが適当ですが，ディジタル用のクロックを得たい場合には，図3のような CMOS インバータの回路が便利です．R_f を付けることにより，インバータ U_1 にフィードバックがかかり，アナログ反転アンプになります．この出力をダンプ抵抗 R_d を通して，水晶発振子 XT とコンデンサ C_1，C_2，C_T からなる π 型共振回路に注入し，この一部をインバータの入力に戻すことで発振ループが形成されます．また C_T を調整することで，発振周波数を合わせ込むことができます．発振出力は干渉を防ぎ，波形整形を行う目的で，反転バッファ U_2 を介して出力します．

図3の回路では U_1 として 74HCU04 を使用しましたが，これを 74HC04 に取り替えるとどうでしょうか．この U の有無は IC の内部回路の違いです．U のあるほうは内部が P MOS/N MOS のペア1個だけで構成されている（アンバッファード；Un bufferd）のに対し，U のないほうはこれが3個直列につながった構成になっています（図4）．

したがって 74HC04 をこの回路のように使うと，3段ある内部回路それぞれの中間電圧のばらつきや，ゲインが大きくなりすぎることなどから，きれいな発振が得られないおそれがあります．TTL でも発振は可能ですが，入力インピーダンスが低くなり，また出力スイングが非対称性のため，パラメータ選びがやっかいです．

〈図1〉 水晶発振子の特性

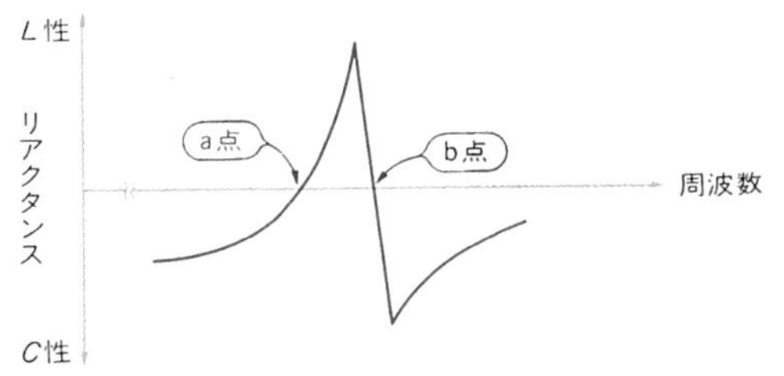

〈図2〉 水晶発振子の等価回路

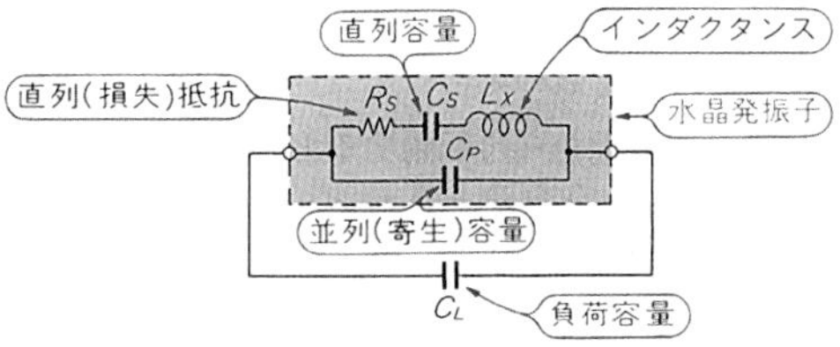

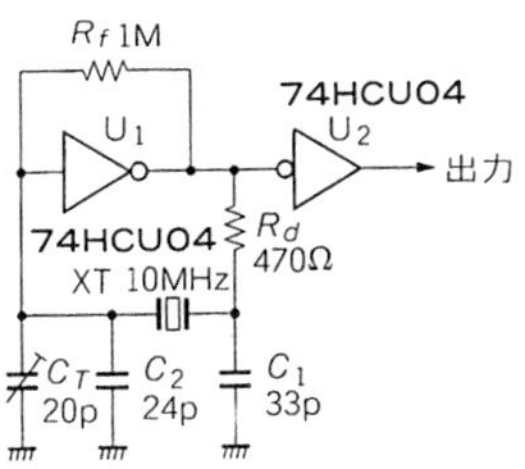

〈図3〉
発振回路の例

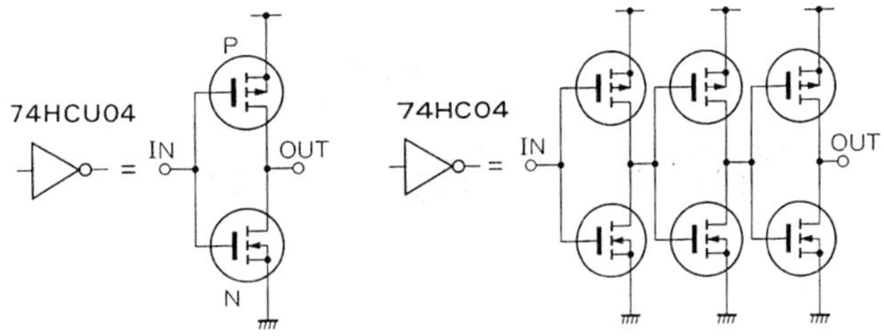

〈図4〉
HC タイプ MOS
インバータの
等価回路

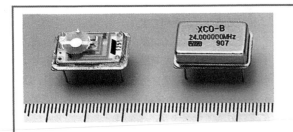

水晶発振モジュール(単出力)

【共振体】水晶片

【構造】研磨し電極を付けた水晶片を,小さな発振回路基板に搭載し,全体を金属ケースに封じたもの.

【特徴】通称「水晶発振モジュール」.現在のディジタル回路ではもっとも一般的に使われている.規定の電源を与えるだけでTTL/CMOSレベルの発振出力が得られ,発振回路の設計や調整の必要がない.また,発振部分がシールドされているので安定度が高い.現在14ピンDIP相当の製品から実装面積の小さなハーフ・サイズのものに移行しつつある.

【用途】CPU回路のクロック,各種ディジタル回路の基準クロック,測定器.

【注意】メーカや品種によって,出力ドライブ能力や電圧レベルがかなり異なる.また,出力波形はなだらかな場合もあるので,ディジタル回路ではスキューを考慮し,適当なバッファを設けるのが無難.出力デューティ比は正確に50％とは限らない.やはり標準周波数以外は入手が困難.

【仕様例】f:1 MHz～100 MHz,Δf:±25～250 ppm(-20℃～$+80$℃)

水晶発振モジュール(分周出力)

【共振体】水晶片

【構造】研磨し電極を付けた水晶片と,これを発振/分周するIC回路を小さな基板に搭載し,全体をプラスチックDIPまたは金属ケースに封じたもの.

【特徴】同時に多出力が可能なものと,分周比を外部から制御できるものがある.いずれも在庫品種を少なくできるメリットがある.とくに後者は使用中に周波数を変更したり,発振を停止できるので,信号発生器やA-Dコンバータのタイム・ベースとして最適である.なお偶数の分周比を選択すると出力デューティ比が50％となるのが普通である.

【用途】各種ディジタル回路の基準クロック,タイム・ベース,ビデオ信号処理回路.

【注意】原発振出力と分周出力には遅れがあることがあるので,外部で同期処理を行うときには注意する.分周比が奇数の場合はデューティ比に注意すること.分周停止から再起動するときは,遅れ時間が変動する場合もあるので注意すること.

【仕様例】f:100 kHz～1/1200 Hz,プログラマブル分周比:2, 3, 4, 5, 6, 12のうちいずれか$\times 10^n$(n:0～7),Δf:$+10/-120$ ppm(-10℃～$+70$℃)

温度補償型水晶発振器(TCXO)

【共振体】水晶板

【構造】特定の角度で切り出した水晶片と,この温度係数を打ち消す温度係数をもつセラミック・コンデンサで共振回路を作り,発振回路基板とともに金属ケースに収めたもの.周波数微調用のトリマが付いたものが一般的である.

【特徴】水晶の温度特性を,温度補償型セラミック・コンデンサで正確にキャンセルすることにより,周波数変動を広い温度範囲にわたって数ppm以下に抑えることができる.

【用途】周波数カウンタ,ファクシミリ,高精度測定器,業務用ビデオ機器,無線機器.

【注意】規定の精度を得るには,電源安定度などほかの要因が十分でなくてはならない.

　　出力波形によりディジタル型と正弦波出力型がある.

　　出力デューティ比は正確に50％とは限らない.標準周波数は数少ない.

【仕様例】f:12.00 MHz～15.36 MHz,Δf:±2.5 ppm(-30℃～$+75$℃)

周波数可変型水晶発振器 (VCXO)

【共振体】 水晶板

【構造】 水晶片と, 可変容量ダイオードを含む発振回路を金属ケースに収めたもの.

【特徴】 可変容量に加える電圧で発振周波数が微調でき, しかも安定度が高い. さらに温度補償を施した温度補償型可変発振器 (VC-TCXO) もある.

【用途】 高精度 PLL 回路の VCO, 業務用ビデオ機器, 通信機器, 無線機器.

【注意】 周波数可変範囲は狭いので, PLL のロック範囲に注意すること. また, 高速引き込みのためにはシーケンスに工夫が必要なことがある. 安定性を得るには, 周囲温度や電源安定度などのほかの要因に注意する. 良好なスプリアス特性を得るためには, コントロール電圧のノイズ対策が必要である.

【仕様例】 f：0.5 MHz～32.768 MHz, Δf：±40 ppm (−20 ℃～+70 ℃), 周波数可変域：発振周波数の±100 ppm 以上 (コントロール電圧：0.5～4.5 V にて)

恒温槽型水晶発振器 (OCXO)

【共振体】 水晶板

【構造】 高温で温度係数の小さな水晶片と発振回路基板を, 電子恒温槽に入れ, 全体を金属ケースに収めたもの. 周波数微調用のトリマが付いたものが一般的である.

【特徴】 水晶を含む発振部分の周囲温度を一定 (高温) に保つので, 周波数変動をきわめて小さく抑えることができる.

【用途】 高精度周波数カウンタの原発振, 業務用無線機器, 簡易時間標準器.

【注意】 加熱のための消費電流が多く, とくにスタート・アップ時には一時的に多くの電流を消費する. 温度が安定するまでに時間がかかるので, 機器が作動していないときも OCXO には電源が供給されるようなスタンバイ機能のある設計が望ましい.

【仕様例】 f：10.0000 MHz, Δf：±0.05 ppm (−10 ℃～+60 ℃), 電源：+12 V, 150 mA (作動時, 最大)/300 mA (起動時, 最大)

標準周波数

　ある周波数の水晶発振子を作るには, 定数計算/水晶片研磨/調整など多くの工程が必要です. 当然メーカは小数の受注のたびに毎回段取りを取り直すわけにはいきません.

　一方, ユーザの要求周波数には理由があるわけで, 当然複数のユーザが同じ周波数を要求することになります. このように多数のユーザが利用する「売れ筋」の周波数表が, 「標準周波数」と呼ばれるもので, 各メーカから公表されています.

　もちろん表にないからといっても作ってくれないわけではありませんし, 逆に標準周波数であっても納期が長いこともありますが, 新規に回路を作成する場合はなるべくこの中から選択するとよいでしょう. 標準周波数はメーカや型式ごとに違いますので, 個別カタログを参照してください.

　例として**表1**にキンセキ㈱の CPU 用水晶 (HC-49/U) の標準周波数表を示します. 表から逆に理由を類推してみるのもおもしろいと思います.

〈表1〉 標準周波数の例
(キンセキ㈱ HC-49/U-A, 単位 MHz)

2.000	5.000	10.738635	18.432
2.097152	6.000	11.000	19.6608
2.4576	6.144	11.0592	20.000
3.579545	6.400	12.000	24.000
3.6864	7.3728	14.31818	32.000
4.000	8.000	14.7456	36.000
4.194304	8.4672	15.000	48.000
4.433619	8.6436	16.000	
4.500	9.8304	17.734476	
4.9152	10.000	18.000	

注：上記は公称周波数であり, 各数字の桁数は精度などの特性を表すものではない.

（9）リレー

三宅和司

電磁リレーはたいへん歴史のある部品で，電磁石で機械的にスイッチを作動させるものです．電磁リレーは簡単に入出力間の絶縁ができ，入力以上の電力開閉や，複数接点の同時出力，信号反転などが可能です．このため電磁リレーは論理素子として，一時期さかんに使われました．現在では多くの高性能なスイッチング素子がありますが，ゼロに近いON抵抗やほとんど無限大のOFF抵抗，開閉信号の種類を選ばないなどの機械接点ならではのメリットから，電磁リレーは今なお広く使われています．ここではSSRなどの半導体リレーも含めて取り上げてみました．

使用言語の説明

　［仕様例：特定機種の例，コイル電圧：標準品の例でほかの電圧も可能．接点記号：44頁表1参照．開閉容量：通電中に開閉可能な最大電圧と電流で，負荷条件により異なる．ここでは抵抗負荷の場合のDC/AC規格．なお微小信号領域では別途検討が必要］

信号用リレー

【接点】貴金属または合金クラッドのリーフ・スイッチまたはクロスバ・スイッチ（マルチ接点あり）

【構造】磁気回路や機械構造は千差万別であるが，電磁石で鉄片を引き付け，この動きを機械的にスイッチに伝える基本構造は同じである．ユニットは透明カバーつきの防塵ケースまたは一体型の密封シール・ケースに収める．端子形状は基板用，はんだタブ，ソケット用ピン型などのバリエーションがある．また，有極性タイプでは磁気回路に永久磁石のバイアスを入れたり，機械動作に応じて磁気ループが切り替わるなどコイルの駆動電力を下げる工夫がなされている．

【用途】各種信号の開閉および切り替え，信号レベル変換，アイソレーション，小電力の電源開閉，電話機器．

【特徴】

①無極性タイプ

信号開閉/切り替え用としてもっとも一般的なリレー．種類がたいへん豊富で，負荷の開閉電圧および電流範囲にあわせて1〜8回路のaまたはc接点が揃っている．また数社間でほぼ互換性のある機種もある．

②有極性タイプ

同クラスの無極性リレーに比べ，動作に必要なコイル駆動電流を小さくできる．現在，汎用の無極性リレーから順次このタイプに変わってきている．接点種類やコイル電圧も豊富．

【注意】励磁コイルの電流を切るときに，電源の十倍以上のスパイク電圧が発生するので，フライホイール・ダイオードを付けるなどの対策が必要．接点ON時にはチャタリングがあり，とくに負荷がディジタル回路である場合は要注意．接点電流があまりにも小さい場合は接点不良のような症状を示すことがあるので，機種選択や回路設計に注意すること（大は小を兼ねない）．数十V以上の開閉では，十分な開閉能力があっても，端子寸法が国内の安全規格を満たさないことがある．

有極性タイプの場合，駆動コイルには+/−の極性があり，逆接続をすると動作しない．無極性リレーと共通な外形の製品も多いので，たとえ無極性で設計するときも極性を一致させておくと差し換えに便利．そのほかの注意点は信号切り替え用リレーと同じ．

【仕様例】コイル電圧：DC 5，12，24 V．接点構成 1a〜4c まで各種．開閉容量：DC 30 V，2 A/AC 125 V，500 mA．

無極性タイプ　　　　　　　有極性タイプ

リード・リレー

【接点】リード・スイッチ

【構造】磁性体の接点片を不活性ガスとともにガラス管に封入し(リード・スイッチ)，これをコイルの中央にセットするシンプルな構造．外装は用途に合わせてチューブ型やプラスチック DIP，金属ハーメチック，低漏れ電流シール型などがある．

【特徴】接点部分が密封され，有害ガスや埃にまったく影響されないので，接点信頼性が高く，どちらかと言えば小信号の開閉に向く．構造がシンプルで作動感度が高く，小型化が可能．普通の電磁リレー

と比べ，機械モーメントやコイルのインダクタンスを小さくでき，動作速度が速い．基本的に同軸構造で整合を取りやすく，極間容量も小さいので，かなりの高周波まで使える製品もある．接点は 1a または 1c を基本単位とし，多回路は複数のリード・スイッチを集積する．静電/磁気シールド付きや，フライホイール・ダイオード付きのバリエーションがある．

【用途】ON 抵抗や漏れ電流の制約の大きいアナログ・スイッチ，可変アッテネータ，高周波小信号スイッチ，信号レベル変換，電話機器，測定器．

【注意】磁気シールドのないものを複数個並べるときは相互磁気干渉に注意．リード・リレーでもチャタリングはある．熱電対などの微小信号を扱う場合は接点の熱起電力が無視できないことがある．サージ電流で接点溶着を起こしやすいので注意すること．

【仕様例】コイル電圧：DC 5，12，24 V．接点構成：1a または 1c．最大開閉容量：AC/DC とも 100 V，200 mA．動作速度：1 ms 以下．

ラッチング・リレー

【接点】貴金属または合金クラッドのリーフ・スイッチまたはクロスバ・スイッチ(マルチ接点あり)

【構造】機械的/磁気的にシーソのような構造をもち，コイル電流なしでも接点 ON と OFF の二つの安定状態を保持することができる．セット/リセットの二つのコイルをもつものと，一つのコイルに流す電流の方向で動作を変えるものがある．

【特徴】接点切り替え時だけコイル電流を流せばよいので，切り替え頻度が低い場合は省エネが可能である．またバックアップ不要の機械メモリとして制御機器のエラー処理にも使用される．

【用途】あまり頻繁に切り替えを行わない信号回路，省エネ型制御回路，エラー処理回路，SR スイッチ．

【注意】コイルが二つのタイプでは，これらを同時に駆動しない．またコイルの極性を誤ると作動しない．コイルの駆動時間は必ず規定値以上確保すること．強い衝撃を与えると状態が変化することがある．

【仕様例】コイル電圧：DC 5，12，24 V．接点構成 1c〜4c まで各種．最大開閉電圧：DC 30 V，2A/AC 125 V，500 mA．

サンプル提供：オムロン㈱

リレーの接点記号について

本稿で使用した「1c」などの記号は，リレーなどでよく使われる接点記号ですが，ほかのスイッチや素子では「SPDT」や「単極双投」ののような表現を使うことがあります．これらの接点記号は回路数と接点形式の組み合わせで表現されます．

まずリレーの接点形式には大別して，① a 接点(制御入力を与えるとスイッチが ON)，② b 接点(制御入力を与えるとスイッチが OFF)，③ c 接点(制御入力を与えると接点 1-2 間導通の状態から，接点 3-2 間導通へと切り替わる)の三つがあります．これらの接点形式記号と，ほかの表現との関係は表1のようになります．

ところで c 接点には，切り替えタイミングによって BBM(Break - Before - Make)と MBM(Make - Before-Make)の 2 種類があります．BBM 接点は切り替え動作開始後，先に 1-2 接点間が OFF にな

パワー・リレー

【接点】 合金クラッド

【構造】 大電流の開閉のため，大きな接点と強力な磁気回路を備えている点以外は，基本的に小信号用リレーと同じ．端子形状は基板用，タブ型，ねじ端子，ソケット用ピンなどがある．

【特徴】 電源開閉用として一般的．開閉負荷仕様にあわせて接点材や接点構成を選択できる．有極性コイルやダイオード内蔵型などがある．

【用途】 各種電源の開閉/切り替え，電源リモコン，タイマ，電力レベル変換，モータ反転ブリッジ．

【注意】 直流用励磁コイルの磁気エネルギは大きいので，十分なスパイク対策が必要．コイルが交流用の場合は，サイン波以外を与えると異常発熱やうなりの原因になる．白熱ランプやスイッチング電源を接続するときは，リレー ON の瞬間に通常の 10 倍程度のサージ電流が流れることがあり，接点が溶着して復帰できなくなることがあるので，余裕のある

機種選択をするか，回路上の工夫を行う．逆にインダクタンス負荷の場合は OFF 時に発生するサージ電圧でスパークやアークが発生しないように，適宜サージ・キラーやバリスタを挿入する．

【仕様例】 コイル電圧：DC 5, 12, 24 および AC 100 V．接点構成 1a〜4c まで各種．開閉容量：DC 30 V，10 A/AC 250 V，10 A．

同軸リレー

【接点】 貴金属クラッド・リーフ・スイッチ/リード・スイッチ

【構造】 接点部分とそれを取り巻くアース板が同軸状になっており，全経路の急な凹凸が少なく，インピーダンスが一定(50 Ω)になるように設計されている．そのほかの磁気回路や機械構造は小型信号用リレーまたはリード・リレーと類似である．

【特徴】 とくに高周波信号の切り替え用として設計されたリレーで，ほかのリレーに比べ高周波での挿入損失や反射がはるかに小さい．基板実装型とコネクタ付きの切り替えブロックがある．

【用途】 トランシーバの送受アンテナ切り替え，通信機器，高周波可変アッテネータ，計測器．

【注意】 リレーのアース端子を正しく使用し，基板側とのインピーダンス整合に注意すること．リレーの遷移中はインピーダンス不整合になるので，この間は電力送信を行わないようにすること．

【仕様例】 コイル電圧：DC 5, 12, 24 V．接点構成：1c 相当．開閉容量：10 W．周波数レンジ：DC 〜1 GHz．特性インピーダンス：50 Ω．*VSWR*：1.1 以下．挿入ロス：0.5 dB 以下．

ってから 3-2 間が ON になるもので，普通のリレーはこのタイプです．MBM 接点は先に 3-2 接点間が ON になってから 1-2 間が離れるタイプで，オーディオ回路などの切り替えショックを嫌う用途に適していますが，一瞬 1-3 間がつながってしまいますから，信号源側に対策が必要です．

　すでに述べたように「2c」という表現の「2」の部分は回路数（スイッチ数）を表します．したがって，「2c」＝「DPDT」＝「双極双投」＝「2回路2接点」と

なります（DP は Double-Pole の略）．

〈表1〉接点形式の回路記号

接点形式	ほ か の 表 現			回路記号
a接点	メイク	ST	単投	単接点	─o o─
b接点	ブレーク	(ST)	(単投)	(単接点)	─o⌐o─
c接点	トランスファ	DT	双投	2接点	1-o o2 3-o

(注：T は Single-Throw の，DT は Double-Throw の略)

リレーで作るロジック回路

　冒頭にも述べたように，リレーはその昔，計算機などの論理回路部品として使われていました．リレーは現在のロジックICと比べてはるかに低速で電気を食うしろものではありますが，用途によってはこちらのほうが便利なことがあります．以下は簡単なリレー・ロジックの例ですが，温故知新か懐古趣味かの判断は読者の方々にお任せします．

(1) 2入力ゲート回路

　図1〜図3の回路は，それぞれ1c接点のリレー2個で作った2入力のAND，OR，そしてEX-ORの回路で，ごくあたりまえのワイヤード・ロジックです．ここでは考えやすいように，電源を共有していますが，2入力と出力は互いに絶縁され，レベルの異なる電源を使うことができるので，出力がAC100V負荷の場合にとくに便利です．

(2) SRフリップフロップ

　図4の回路は普通のリレーを使ったSRフリップフロップの回路例で，SW₁でセット，SW₂でリセット動作を行います．図中のリレーRL₁の部分は「自己保持リレー」と呼ばれるフィードバック回路です．RL₂はSW₂の論理をひっくり返す単なるインバータです．

　このSRフリップフロップは本稿で述べた2巻線ラッチング・リレーの機能とまったく同じですので，これを使えば図5のようにシンプルになりますし，駆動電源が停電しても状態を保持してくれます(ゼロ・パワー1ビット・メモリ?)．

(3) データ・ラッチ

　これはTTLの透過型（トランスペアレント）ラッチのように，G信号がONのときはD入力そのままが出力され，G入力がOFFになると，その直前のD入力の状態を保持するものです．普通のBBM接点のリレーを使った場合，筆者は1cのリレーを2個と2cのリレーを1個使った図6のような回路を思いつきましたが，もっとうまい手があるかも知れません．またラッチング・リレーを使えば図7のような構成になります．

(4) Dラッチ

　TTLのDラッチ相当の回路で，クロック端子CKが立ち上がった瞬間のD入力の状態を保持するものです．誌面の関係もあって，あえて回路図は掲載しませんが，興味のある読者の方々は一度トライしてみてください．ちなみに筆者の回路は，通常のBBMリレーを使った場合で2c×2個+1c×4個，ラッチング・リレーを許した場合は1cラッチング×2個+通常1cリレー×2個でした．もちろん幅の広いクロック信号が入ってもブザーのように振動するものはいけませんし，$\overline{Q}$出力をD端子にフィードバックして1/2の分周器にならなければいけません．

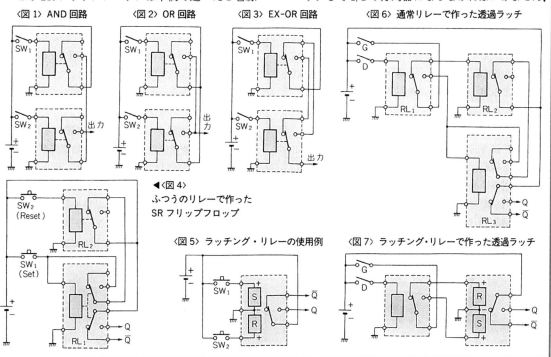

〈図1〉AND回路　〈図2〉OR回路　〈図3〉EX-OR回路　〈図6〉通常リレーで作った透過ラッチ

◀〈図4〉ふつうのリレーで作ったSRフリップフロップ

〈図5〉ラッチング・リレーの使用例　〈図7〉ラッチング・リレーで作った透過ラッチ

＊ 接点板(アーマチュア)の倒れているほうがノーマリ・クローズ

交流用ソリッド・ステート・リレー(SSR)

【接点】トライアックまたはサイリスタ.

【構造】まったく可動部がなく,フォト・カプラと駆動回路,そしてトライアックまたはサイリスタの半導体スイッチから構成されている.ゼロ・クロス型では駆動回路にタイミング発生回路が付加される.

【特徴】機械式と比べ,可動部がなく半永久的な寿命が期待できる.制御に必要なエネルギが小さくインターフェースが容易.即時 ON 型とゼロ・クロス型があり前者は機械式では実現できない ON タイミングが得られ,後者は電圧 0 V のタイミングで ON するのでノイズやサージ電流を小さくできる.

【用途】小〜中電力の AC 100 V/240 V 用汎用負荷の開閉,ヒータ温度制御.

【注意】最短開閉間隔は忘れがちなので注意を要する.大電力を制御するときは誘導ノイズが制御信号に混入しないよう注意が必要.交流用 SSR では,直流や脈流,正弦波以外の交流は制御できないのが

普通.ランプ負荷などではサージ電流が最大定格を越えないように予熱などの工夫をする.1 V 程度の ON 電圧が残るので継続して大電流を流す場合は放熱が必要.逆に負荷が軽すぎると ON 状態を維持できなくなったり SSR の漏れ電流が無視できない場合がある.リアクタンス負荷に対してはゼロ・クロス方式のメリットが発揮できないこともある.

【仕様例】コントロール側:DC 5〜24 V 電圧入力または DC 5〜20 mA 電流入力.接点構成:1a 相当.開閉容量:AC 400 V/600 V_{rms},1 A〜25 A_{rms}.

水銀リレー

【接点】水銀浸潤リード・スイッチ/リーフ・スイッチ.

【構造】接点部分に水銀をコートし,接点性能を向上させたもの.接点部には水銀溜まりから毛管現象で常に水銀が供給されるようになっている.水銀は有毒なので接点部は密閉されている.

【特徴】接点部分が水銀で覆われているので,チャタリングがなく,接触抵抗も低く安定している.また接点溶着を起こしにくい.普通,取り付け方向に制限があるが,無方向性の製品もある.

【用途】計装用アナログ・スイッチ,ローノイズ・アッテネータ,高周波信号用スイッチ.

【注意】無方向性の製品を除き,取り付け方向に制限があり基板に実装する場合は誤りやすいので注意.微小電圧信号を扱う場合は熱勾配に注意すること.熱起電力を規定した微小信号用水銀リレーもある.

【仕様例】コイル電圧:DC 5, 12, 24 V.接点構成:1a〜2c.開閉容量:DC 500 V,2 A.

フォト MOS リレー

【接点】MOSFET ペア

【構造】赤外 LED とフォト・ダイオード・アレイのついた MOSFET で構成されている.MOSFET は片極性なので,2 個の MOSFET を逆直列接続して,交流をスイッチできるようにしている.

【特徴】OFF 時は漏れ電流が小さく,ON 時は抵抗性を示すので,小信号制御に向く.制御範囲内ならば交流/直流を問わず比較的高速に制御できるので応用範囲が広い.可動部や接点部分がなく,長寿命.

【用途】電話機器,高絶縁アナログ・スイッチ,オーディオ回路,高精度積分回路.

【注意】漏れ電流や ON 抵抗など重視するスペックで適切な機種選択をすること.駆動電流が不足すると ON 抵抗が変化することがある.サージ電流や静電破壊対策が必要なことがある.またスルーレートの大きい信号の開閉では誤動作を起こしやすい.

【仕様例】駆動電流:DC 10 mA,接点構成:1a 相当.最大開閉容量:AC 250 V,150 mA.

(10) 同軸コネクタ

三宅和司

現在コネクタのメーカや機種は膨大な数にのぼりますが，それぞれに互換性がないのが普通で，一度採用するとなかなか浮気ができないようです．

ここでは標準的互換性のあるコネクタとして高周波コネクタを，次項では標準インターフェースとして使われるコネクタを取り上げてみます．

使用用語の説明［インピーダンス：嵌合部(はめ込み部分)の特性インピーダンスで，とくに配慮されていないものは「不整合」とする．上限周波数：規格上限で，実力値や定在波基準とは異なる．適用ケーブル：代表的な適合ケーブル例で，これ以外もある．］

ピン・コネクタ

【結合方式】プッシュ・オン

【インピーダンス】不整合

【周波数帯域】不明だが数 MHz 程度

【インシュレータ】ABS 樹脂，ベークライトなど

【耐電圧】不明だが数十 V 程度

【適合ケーブル】不定

【ケーブル接続】内部/外部導体ともはんだ付けが普通．

【特徴】通称 RCA コネクタ．もともとオーディオ用の信号用コネクタで，ステレオなどで標準的に使われている．

同軸構造のため多少高い周波数までならば使用可能と思われ，家庭用 VTR や対応テレビの普及とともに，ビデオ端子としても流用され，今ではすっかり市民権を得た．手軽で入手しやすく安価．用途に合わせて品種も豊富．

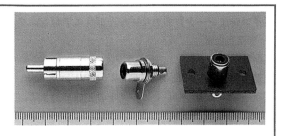

【用途】民生用ビデオ機器，テレビ・モニタ，ディジタル・オーディオ機器のシリアル信号，RF モジュレータ．

【注意】本来はオーディオ帯域(DC～20 kHz)に設計されたコネクタであり，高周波特性は保証されていない．ビデオ帯域はともかく，VHF 帯以上での使用は疑問である．また，メーカおよび製品により外形や安定性にかなりの差がある．

【規格】高周波の適合規格はない．

M コネクタ

【結合方式】ねじ締結(M16×1)

【インピーダンス】不整合

【周波数帯域】200 MHz 以下

【インシュレータ】ベークライト，スチロールなど

【耐電圧】500 V

【適合ケーブル】3C-2V～7C-2V

【ケーブル接続】中心：固定ピンの先端にはんだ付け．外部：シェル部に直接はんだ付け．

【特徴】形状は大きいほうで，中程度の同軸ケーブルに適合し，比較的安価．かつてアマチュア無線用のコネクタはほとんどこれであった．

【用途】アマチュア無線機器およびアンテナ，工業用テレビ・モニタ，測定機．

【注意】高周波用にもかかわらず，嵌合部のインピーダンスは不整合であり，VHF 帯以上の高周波には向かない．結線の際には，かなり大きめのはんだごてが必要．絶縁体に熱可塑性樹脂を使った製品は，はんだ付け時の変形に注意が必要．

【規格】JIS

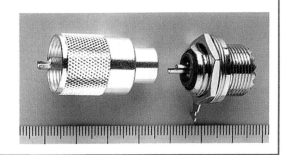

レセプタクル・タイプ

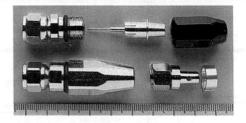
プラグ・タイプ

F コネクタ

【結合方式】ねじ締結(3/8-32UNEF-2)

【インピーダンス】75 Ω

【周波数帯域】1.5 GHz 以下

【インシュレータ】スチロール，ポリエチレン，フッ素樹脂など

【耐電圧】150 V

【適合ケーブル】3C-2V〜7C-2W，TVEFCX など．

【ケーブル接続】中心：ケーブルの芯線そのまま，あるいはコンタクト・ピンはんだ付け．外部：スリーブ挿入の上クリンプ・リング締め，またはねじ締め込み．

【特徴】テレビやビデオのアンテナ・コネクタとして一般的．比較的安価にもかかわらず，BS/CS アンテナの IF 周波数対応のもの(EIAJ-C15)は 1.5 GHz までの帯域がある．特別なものを除きはんだ付けが不要で，フィールドでの組み立てが容易．防水型や中継型など各種パーツも豊富．

【用途】テレビ/FM 用アンテナおよび機器，BS/CS アンテナ(第 1IF 出力)およびチューナ，分配/混合/分波器，RF ブースタ．

【注意】簡易型から整合段差まで考慮された高級品まで各種あるので，用途に合わせて選択する．細目ねじの採用や，また雄側にケーブル芯線を使うタイプは曲がりやすく，雌側接点の耐久性もないことから，頻繁な挿抜には向かない．BS/CS アンテナではダウン・コンバータ用の DC 電源が重乗しているので，配線のときに雄雌の方向に注意しないとショートすることがある．テレビ用の簡易プッシュ・オン型には互換性のないものもある．

【規格】EIAJ

N コネクタ

【結合方式】ねじ締結(5/8-24NEF-2)

【インピーダンス】50 Ω(75 Ω系もある)

【周波数帯域】10 GHz 以下

◀プラグ・タイプ

◀レセプタクル・タイプ

【インシュレータ】フッ素樹脂

【耐電圧】500 V

【適合ケーブル】RG55/U〜10D-2V

【ケーブル接続】中心：コンタクト・ピンにはんだ付け．外部：クランプ締めまたは締め込み．

【特徴】ねじ嵌合部が大きく，中〜太い同軸ケーブルの荷重に耐えられる．また段差が少ないので，たいへん帯域が広く，電力用途にも使える．もともと 50 Ω系のコネクタであるが，75 Ω系の製品もある．

【用途】業務/管制用無線機器，標準信号発生器，高周波計測器，産業/医療用高周波発生器，軍事用機器．

【注意】ケーブル接続時には加工寸法に注意すること．コネクタ本体が比較的大きく重いので，機械的な制限があり，補助枠なしのプリント基板直結には適さない．

75 Ω系のコネクタは外見からは判断しづらいので混用しないこと．

【規格】JIS，MIL，IEC，防衛庁

BNC/TNC コネクタ

【結合方式】BNC：バヨネット，TNC：ねじ締結
(7/16-28 UNEF-2)

【インピーダンス】50 Ω（BNC は 75 Ω もある）

【周波数帯域】4 GHz 以下

【インシュレータ】フッ素樹脂

【耐電圧】500 V

【適合ケーブル】1.5D-2V〜5C-2W

【ケーブル接続】中心：コンタクト・ピンにはんだ付け．外部：ナット締めによる圧接/スリーブ圧着．

① BNC コネクタ

【特徴】工業用計測器などの DC 〜 UHF 帯の信号用コネクタとして，もっとも一般的に使われている．細〜中程度の同軸ケーブルに向き，バヨネット式なので挿抜がたいへん簡単迅速にできる．嵌合後にもケーブルの軸回転が可能なので線さばきが良い．パネル用から基板用まで品種がとても豊富．

最近はビデオ機器用の 75 Ω 系シリーズも開発され，こちらの品種も充実してきた．

【用途】オシロスコープなどの計測機器，ハイビジョン，業務用ビデオ機器，高解像度ディスプレイ，産業用機器，無線機器，LAN，軍事用機器，医療機器．

【注意】標準型プラグでは，ケーブルのむき寸や組み立て手順が正確でないと中心コンタクトの位置がずれて接触不良を起こすことがある．

オリジナルは 50 Ω 用なので，これをビデオなど

絶縁型の
BNC コネクタ

の 75 Ω 系信号に流用すると，コネクタ部分が不整合となる．これは NTSC 信号程度では問題にならないが，高解像度ディスプレイなどシビアな用途では 75 Ω 系の製品を使うのが無難．

着脱が簡単な反面，トランシーバのアンテナなど外れると困る場合や機械的強度が必要とされる用途には TNC 型のほうが有利．

【規格】JIS，MIL，IEC，防衛庁

② TNC コネクタ

【特徴】BNC コネクタのねじ嵌合バージョン．バヨネットのように着脱は容易ではないが，移動体無線のアンテナのように外れては困る用途などに向く．

【用途】パーソナル無線やアマチュア無線などの移動体無線のアンテナ・コネクタ．

【注意】BNC コネクタ同様，ケーブルのむき寸や組み立て手順には注意すること．BNC コネクタとはロック部の互換性がない．

【規格】MIL，IEC

BNC コネクタ（プラグ）

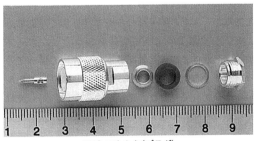

TNC コネクタ（プラグ）

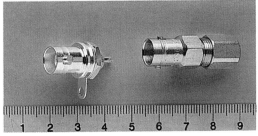

BNC コネクタ（レセプタクル）

TNC コネクタ（レセプタクル）

SMA コネクタ
【結合方式】ねじ締結(1/4-36UNS-2)
【インピーダンス】50 Ω
【周波数帯域】12.4 GHz 以下
【インシュレータ】フッ素樹脂
【耐電圧】500 V
【適合ケーブル】セミリジッド：UT-85，UT-141，
フレキシブル：1.5D-2W ほか
【ケーブル接続】中心：セミリジッド・ケーブルの雄

シールド線と同軸ケーブル

　よくシールド線と同軸ケーブルの違いについての質問を受けますし，一部本当に混用されているケースも見かけます．結論から言えば両者とも基本構造は同じですが，同軸ケーブルではケーブル内の電界と磁界の関係式できまる「特性インピーダンス」が考慮されている点と，絶縁体に高周波損失の少ない樹脂が使われていることが異なります．ですから同軸ケーブルはちょっと曲げにくいシールド線として使えます．

　次にケーブル内外の電界と磁界について詳しく考えてみましょう．まず中心導体は外部導体によって完全に囲まれていますから，外部導体がインピーダンスの低い点（GNDなど）に接続されていれば，内部導体による電界は外部導体で遮られて外には漏れ出ませんし，逆に外部のノイズ電界は中心導体にほとんど伝わりません．普通のシールド線はこのような静電シールドの効果をねらって作られています．

　ところで図1のように負荷をつなぐと，ケーブルの内部導体の電流と外部導体に分散して戻ってくる電流は，方向が逆で大きさが等しいのでケーブルから十分離れて見れば，電流が相殺され，何も流れてないのと同じで磁界は外部に漏れません．また外部から均一なノイズ磁界が加わっても，内部の導体に起きる電圧の方向と強さは等しいので負荷電流には影響しません．このように同軸ケーブルを正しく使用すれば，ケーブル内部の電界と磁界の関係は外部の影響を受けず一定になり，整合条件を保持することができます．

　ところが実際の装置間には図2のように複数の同軸ケーブルがつながる場合があり，このときは各々のケーブルの内部導体と外部導体の電流の大きさは，もはや等しくはなく，整合条件が崩れて，ただの静電シールド線になってしまいます．さらに外部磁界があるとケーブル間にノイズ電流ループができてしまいます．この場合は二つのケーブル間を高周波的にアイソレートする必要がありますが，装置のケースとコネクタの外部導体がつながっていては無意味です．こういった場合に絶縁型同軸コネクタを使うと，ケースのシールド効果をあまり犠牲にせずに，アイソレートが可能です（文献1）．

　なお本稿の範囲ではないのですが，一時期オーディオの世界で「接続ケーブルを変えると音が変わる」という論争がありましたが，ケーブルやコネクタの素材だけではなく，整合や上記のような現象がもっと議論されてもよいのではないでしょうか．

〈図1〉同軸ケーブルの磁気的な性質

〈図2〉複数のケーブルの影響

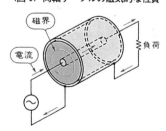

側はケーブルの芯線自体を治具で切削加工する．雌側，およびフレキシブル・ケーブル接続の場合はコンタクト・ピンにはんだ付け．外部：ケーブル外側導体周囲にシェルを直接はんだ付け，またはスリーブ圧着．

【特徴】形状は小さいが，ケーブル自体を極力利用するタイプのため段差が少なく，高性能で，汎用コネクタ中最高の 12.4 GHz にも及ぶ帯域をもつ．

【用途】マイクロ波無線機器/通信機器/コンポーネント，超高周波測定器，放送用トランスミッタ，光通信端末，通信回線，レーダ，軍事用機器．

【注意】ケーブル加工には精度が必要．専用治具を用意するか，専門業者に任せるのが無難．周波数特性はセミリジッド用コネクタのほうが勝るが，締結すると機械的に固定されてしまうので配慮が必要．

【規格】MIL，IEC

SMB/SMC コネクタ

【インピーダンス】50 Ω

【インシュレータ】フッ素樹脂

【耐電圧】500V

【適合ケーブル】フレキシブル：1.5D-2W ほか．セミリジッド：UT-85 など(JIS を除く)

【ケーブル接続】中心：コンタクト・ピンにはんだ付け，またはかしめ．外部：スリーブ圧着，またははんだ付け．

【用途】高周波モジュール，高周波測定器，BS/CS チューナ，通信機器，レーダなどの信号用内部配線，GPS，軍事機器，衛星機器．

① SMB コネクタ

【結合方式】スナップ・オン

【周波数帯域】2 GHz 以下(JIS は 500 MHz)

【特徴】SMA コネクタよりさらに小さく，ロック付きプッシュ・オン型なので挿抜が容易で，軸回りの回転も可能なので，コンパクトな装置内配線に最適．また各社から周波数特性や機械性能などを向上させた変形コネクタが発売されている．

【注意】準拠する規格やグレードによって品種を分けているメーカがある．コネクタの性質上，電力回路には不向き．規格によって耐振動/耐環境性が定

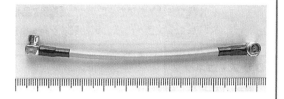

められている．フレキシブル・ケーブルの接続には専用圧着工具や微細はんだ付けが必要な場合がある．

【規格】JIS，MIL，IEC，防衛庁

② SMC コネクタ

【結合方式】ねじ締結(# 10-32UNF-2)

【周波数帯域】4 GHz 以下

【特徴】SMB コネクタのねじ嵌合タイプ．嵌合部の寸法は同じで，ロックねじ部の分だけ形状が大きい．耐振動性や気密性に優れ，信頼性が高い．装置内配線やコンポーネント間の接続に適する．各社から変形コネクタも発売されている．

【注意】ケーブル加工には専用工具や治具が必要なことが多い．ねじを締結すると軸回りに回転できないので，とくにLアングルの場合は引き出し方向に注意すること．また変形モデルではメーカ間で互換性のないことがある．

【規格】MIL

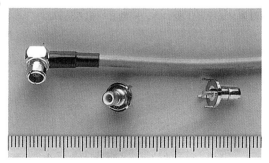

SMB コネクタ

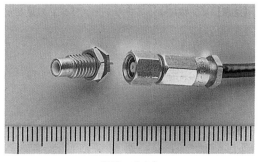

SMC コネクタ

文献1：岡村廸夫，「解析ノイズ・メカニズム」，CQ 出版㈱
参考資料1：「高周波同軸コネクタ」カタログ，ヒロセ電機

(11) インターフェース用コネクタ

三宅和司

　パソコンや周辺機器で使われているコネクタはメーカ側の都合によって決められることが多く，まちまちであり，互換性を損なう一つの原因になっています．ここではよく見かけるインターフェース・コネクタのうち，ケーブル用の代表的なものだけを取り上げてみます．なおこれらのコネクタも，あるメーカが採用しメジャーになってから規格になったというものも多く，現在でも完全な互換性をもたないものが市場に出回っていることをお断りしておきます．

　使用用語の説明[コネクタ名：個人で購入するときに便利な「通称」であり，正式名称とは異なる．定格電圧/電流：ある特定品種の最大定格．極数：一般に入手しやすい極数でこれ以外にもある．フット・プリント：基板用コネクタの足跡，つまりピン配置のこと]

D サブ・コネクタ

【締結方式】ねじ締結（M2.6，M3，#4-40UNC のうちのいずれか）

【コンタクト】丸ピン/ソケット

【ピッチ】2.74 mm（9 ピン，15 ピン）/2.77 mm（25 ピン，37 ピン），2 列千鳥配置．

【定格電圧/電流】AC300 V/3 A

【適合ケーブル】標準フラット・ケーブル，またはばら線．同軸ケーブル

【ケーブル接続】はんだ付けまたは個別/一括圧着．

【極数】9，15，19，25，37 ピン．3 同軸+15 ピン．

【特徴】MIL 規格のサブミニアチュア D 型．嵌合面が英文字の D の形をしており，逆挿入を防止できる．本来は航空計器用のコネクタだが，ワークステーションやパソコンの普及にともない，インターフェース用として一般的になった．気密型，EMI 対策品，同軸複合型などのバリエーションがある．

【用途】EIA-232-E（25 ピン），CRT（15 ピン），マウス（9 ピン），プリンタ（25 ピン），IEC-625-1 バス（25 ピン），計測器，業務用ビデオ機器，航空機，医療用機器．

【注意】ピン数によってフット・プリントの足ピッ

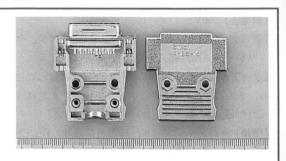

チが異なるので基板設計には注意すること．またいずれの場合も普通のユニバーサル・ボードには付けられない．国内での EIA-232-E の締結ねじは M2.6 が普通だが，ほかのねじを使った装置もある．「EIA-232-E 準拠」と表示されていても，制御線の結線バリエーションや GND の省略などがあるので，ケーブルとの相性にも気を配ること．このコネクタのメーカや品種はたいへん多く，製品のレベルもまた玉石混交であるので，用途により絶縁材，ピン，機械構造，コストなどをよく吟味して購入すること．

【オプション】締結ねじおよびねじ台，L 金具，ハウジング・シェル，フラット・ケーブル圧着，個別ピン圧着，防塵防水仕様，静電シールド構造，EMI 対策フェライト板つき，同軸ピン組み込み．

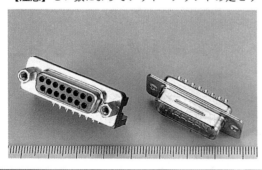

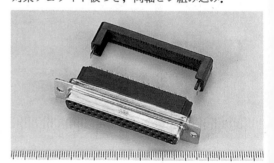

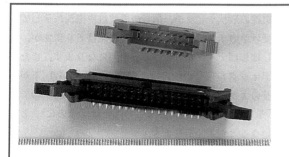

フラット・ケーブル用ヘッダ/コネクタ

【締結方式】ラッチ・レバー

【コンタクト】角ピン/ソケット.

【ピッチ】2.54 mm, 2 列平行配置.

【定格電圧/電流】AC200 V/1 A

【適合ケーブル】標準フラット・ケーブル

【ケーブル接続】一括圧着.

【極数】6, 10, 14, 16, 20, 26, 30, 34, 40, 50, 60, 64 ピン.

【特徴】現在, もっとも一般的に使われている基板対ケーブルのコネクタである. 2.54 mm ピッチ×2 列平行のシンプルな配置で, フット・プリントもこれと同じなのでユニバーサル・ボードともなじみがよい. オリジナルは米国 3M 社で, 最初に一括圧着方式を実用化したが, 現在は世界中で同様の製品が作られ, 数え切れないほどの品種がある. ピン数や誤挿入キー付きなどのバリエーションも豊富.

【用途】FDD/HDD 装置, 各種 I/O ボード, パソコン, 計測器, 各種機器内部の基板間配線など.

【注意】一見同じようでも, メーカや品種間の組み合わせによって微妙な点で入らなかったり, 逆挿入できたりするので, ヘッダとソケットは同一の品種で揃えるのが無難. 素性不明のときは誤挿入防止キー部分(切り欠きや突起)の簡単なスケッチがあると便利. 圧着部分のこじりを考えると, ストレイン・リリーフの有無はかなり重要.

【オプション】ハウジング・シェル, ストレイン・リリーフ, 静電シールド構造, レバーなし.

高密度ヘッダ/コネクタ

【締結方式】ラッチ・レバー

【コンタクト】角ピン/ソケット.

【ピッチ】1.27 mm, 2 列平行配置.

【定格電圧/電流】AC125 V/0.5 A

【適合ケーブル】0.635 mm ピッチ・フラット・ケーブルおよび標準フラット・ケーブル

【ケーブル接続】一括圧着.

【極数】20, 26, 32, 34, 40, 50, 52, 60, 68, 80, 100 ピン.

【特徴】標準フラット・ケーブル用ヘッダのピッチを 1/2 にした高密度コネクタで, 基板占有面積を節約できる. 細ピッチ(0.635 mm)・ケーブルと標準(1.27 mm ピッチ)ケーブルに対応する. 最近は機器の小型化が進み, パソコンを中心に内部基板/ユニット間配線によく使われるようになった

【用途】FDD/HDD 装置, パソコン, 各種機器内部の基板間配線など.

【注意】標準的なフット・プリントは 2.54 mm ピッチ×4 列の千鳥配置なので, 普通のユニバーサル基板には直接実装できない. 突起やロック寸法が合わないなどの不都合を避けるため, ヘッダ/ソケットは同一シリーズで揃えるのが無難. また, 対応するケーブルで品種が異なるので注意が必要.

【オプション】ストレイン・リリーフ, 静電シールド構造, レバーなし, 標準ケーブル圧着.

GNDが多すぎる

インターフェース・コネクタでは，GNDに多くのピンが割り当てられている場合があります．電流量や接触抵抗からはピン1本でも済みそうに思えますし，実際に36ピンのプリンタ・コネクタを14ピンに整理してしまった有名なパソコンもあります．しかし一見むだに見える複数のGNDピンにも，十分な存在理由があります．

機器間の接続によく使われるケーブルにフラット（リボン）ケーブルがあります．標準的なものは0.127 mmピッチで電線が平行に並んでおり，これはビニールを挟んだ細長いコンデンサを形成しています．この静電容量は1 mあたり数十pFのオーダです．

例えば片方の信号線に20 MHzのクロック信号を通すとすると，約400 Ωという**低いインピーダンスで隣の線と高周波的につながってしまう**ことを意味します．さらに，片方の電線に電流が流れるとその周りに同心円状の磁界が発生し，これも隣りの電線に影響を与え，**高周波トランスのように起電力を発生**させてしまいます．

このように一方の電線から他方へとあたかも信号がしみ出すような現象を「クロストーク」と呼び，電線の形状やピッチ，信号の周波数や電流，そして受け手のインピーダンスで程度の差はありますが，しばしばデータが「化ける」原因になります．またディジタル信号の場合は，信号の立ち上がり/下がりのエッジの瞬間に，クロストークが起きますので「そんなに速い信号は使っていないはずなのに?」ということがよくあります．

さて標準的なセントロニクス社準拠のプリンタ・コネクタのピン割り当てをよく見ると，ハンドシェイク線やデータ線など比較的速い信号を扱うピンは#1～#11に並んでいるのに対し，この裏側に当たる#19～#29はすべてGNDになっています．

これにフラット・ケーブル圧着タイプのコネクタを使うと，ケーブルのいちばん端の線(マーク線または茶線)がコネクタの#1ピン(ストローブ)につながるのは当たり前ですが，その隣の線はコネクタの#19(GND)に，その次は#2(D_0)，そのまた隣は#20(GND)というように接続され，つまりケーブルでは信号線とGND線が交互に並ぶことになります．

このように図1の二つの信号線間にインピーダンスの低いGND線が挟まれると，静電シールド効果が期待でき，信号線間の等価静電容量は，はじめの数分の1以下に減少します．また信号線と隣のGND線を回路的にペアで使うと，**GND線には信号電流と大きさが等しく，向きが逆の電流が流れて磁界をキャンセルしてくれ，クロストークが減少します**．もちろんツイスト型のフラット・ケーブルを使うと，さらに効果的です．

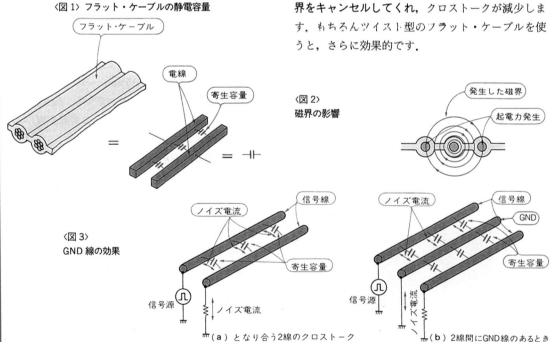

〈図1〉フラット・ケーブルの静電容量

フラット・ケーブル

電線

寄生容量

=

〈図2〉
磁界の影響

発生した磁界

起電力発生

〈図3〉
GND線の効果

ノイズ電流

信号線

寄生容量

信号源

ノイズ電流

（a）となり合う2線のクロストーク

ノイズ電流

信号線

GND

寄生容量

信号源

ノイズ電流

（b）2線間にGND線のあるとき

高密度Dサブ・コネクタ

【締結方式】M2.6ねじ締結
【コンタクト】丸ピン/ソケット
【ピッチ】2.86 mm，3列千鳥配置．
【定格電圧/電流】AC250 V/1 A
【適合ケーブル】ばら線
【ケーブル接続】個別圧着．
【極数】15ピン
【特徴】標準Dサブの9ピン相当のシェルに15ピン分のピンを配置したもの．基板面積を低減することができる．

また，標準Dサブ9ピン用のアクセサリがそのまま使える．
【用途】EGAボード，高解像度ディスプレイ．
【注意】フット・プリントも2.86 mmピッチの3列

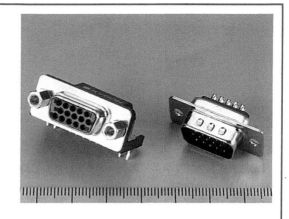

千鳥配列になるのでユニバーサル基板には向かない．用途が特殊なため，やや入手困難である．
【オプション】ハウジング・シェル，締結ねじ．

ハーフ・ピッチDサブ・コネクタ

【締結方式】ラチェット式
【コンタクト】平ピン/ソケット
【ピッチ】1.27 mm，2列平行配置．
【定格電圧/電流】AC250 V/0.5 A
【適合ケーブル】標準フラット・ケーブル
【ケーブル接続】はんだ付けまたは一括/個別圧着．
【極数】20，28，36，50ピン．
【特徴】名前はDサブのハーフ・ピッチ品のようだが，ピンは平型，偶数個の平行配列になり，別の製品のように見える．

メス側電極はインシュレータに隠れているので，

不用意なショート事故を防ぐことができる．

外形が小さいのでパネル面積を小さくできるため，小型パソコンの普及にともなって使われるようになった．
【用途】コンピュータのバス，各種I/Oユニット．
【注意】外形や名称がリボン型ハーフ・ピッチ・コネクタと間違えやすいので，購入時にはよく確認すること．

フラット・ケーブルの圧着は2段式，フット・プリントは2.54 mmピッチ×4列千鳥配置なので普通のユニバーサル基板には直載できない．
【オプション】ハウジング・シェル．

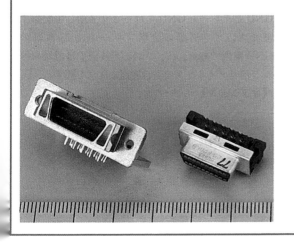

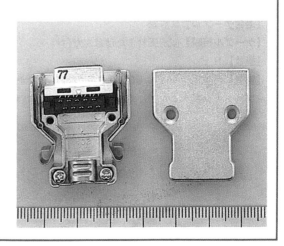

 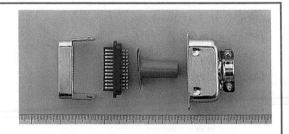

DDK/アンフェノール(57)コネクタ

【締結方式】 スプリング・クランプ式またはねじ締結(M3 および M3.5)

【コンタクト】 リボン接点

【ピッチ】 2.159 mm, 2 列平行配置.

【定格電圧/電流】 AC250 V/5 A

【適合ケーブル】 フラット・ケーブルまたはばら線

【ケーブル接続】 はんだ付けまたは個別/一括圧着.

【極数】 14, 24, 36, 50 ピン

【特徴】 36 ピンはセントロニクス社仕様のプリンタ用コネクタとして有名. 「DDK」と「アンフェノール」はメーカ名であり, 呼称自体は不適当だが, 有名税のようなもの. コンタクトはハーモニカのように見えるリボン状で接触圧が高くすり合わせになるので, 接触抵抗が低く信頼性が高い. また嵌合部が台形なので誤挿入を防ぐことができる. 製造メーカ, 製品バリエーションともたいへん豊富.

　また 24 ピンは GPIB(IEEE-488 バス)に使用されている. 締結には専用の M3.5 ローレット付きスタックねじを使用し, ノイズ対策用の静電シールド仕様が普通.

【用途】 セントロニクス仕様プリンタ(36 ピン), GPIB(24 ピン), パソコン用プリンタ・コネクタ(14 ピン), SCSI バス(50 ピン), SASI バス(50 ピン), 各種 I/O ボード, 計測器.

【注意】 フット・プリントのピッチも 2.159 mm なので, 普通のユニバーサル・ボードには直接取り付けられない. 締結方法にはスプリング式とねじ式がある. 「セントロニクス準拠」と表示されていても, コネクタの種類や極数が異なったり, ステータス線の接続省略がある場合が多い. GPIB と IEC-625-1 仕様とはコネクタ種類もピン配置も違うので, 別途変換アダプタが必要.

【オプション】 スプリングおよびラチェット, 締結ねじおよびねじ台, ハウジング・シェル, フラット・ケーブル圧着, 静電シールド, フェライト板, オール・プラスチック仕様, アース板, ケーブル・ブロック.

RGB21 ピン・コネクタ

【締結方式】 差し込み式

【コンタクト】 平ピン/フォーク・ソケット

【ピッチ】 3.8 mm, 2 列千鳥配置.

【定格電圧/電流】 AC150 V/0.5 A

【適合ケーブル】 ばら線

【ケーブル接続】 個別圧着またははんだ付け.

【極数】 21 ピン

【特徴】 民生用テレビの RGB 入力用コネクタでキャプテン・システムなどに使われる. 形状は大きいが安価で, 信号源自動切り替え用端子やフレーム GND などが最初から考慮されている.

【用途】 民生用テレビ, キャプテン端末, ビデオ機器.

【注意】 ほかのコネクタと違い, ピン番号は互い違いに 1, 2, 3…というふうになっている. 各信号の GND とフレーム GND をはっきり区別して配線すること. プラグ側の金属フレームも 21 番目の GND 電極である. パソコンとの接続では信号レベルと信号タイミングの適合範囲に注意を要する.

【オプション】 とくになし.

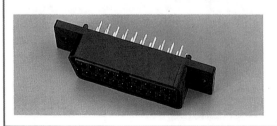 

リボン型ハーフ・ピッチ・コネクタ

【締結方式】ラチェット式，または M2.6 ねじ締結
【コンタクト】リボン接点/カンチ・レバー接点
【ピッチ】1.27 mm，2 列平行配置．
【定格電圧/電流】AC250 V/0.5 A
【適合ケーブル】ばら線．0.635 mm ピッチ・フラット・ケーブルおよび標準フラット・ケーブル
【ケーブル接続】はんだ付け，または一括/個別圧着．
【極数】14，20，28，36，50，68，80，100，110 ピン．同軸 3 本＋26 ピン
【特徴】DDK/アンフェノール・コネクタの縮小版．電極ピッチは 1.27 mm であり，本当の 1/2 サイズではないが，パネル面積を小型化できるためコンピュータの小型化にともない，よく使われるようになった．コンタクトはリボン状接点とカンチ・レバー接点の組み合わせで，小さな形状にもかかわらず信

頼性が高い．
【用途】小型パソコン用プリンタ・コネクタ(20 ピン)，SCSI バス(50 ピン)，各種バス，グラフィック・ボード．
【注意】めんどうなことに同じ「ハーフ・ピッチ」の呼称で D サブ型(平ピン)もあり，一見するとよく似ているので，購入時にはよく確認すること．ラチェット式に加え，ねじ締結式もある．圧着型は対応ケーブルによって機種が異なる．標準ピッチのフラット・ケーブル用は 2 段圧着になる．フット・プリントも 2.54 mm ピッチ×4 列(場合によっては 6 列)の千鳥配置なので，普通のユニバーサル・ボードには直接付かない．
【オプション】ハウジング・シェル，静電シールド．フラット・ケーブル圧着対応，締結ねじおよびねじ台，フェライト板，アース板，同軸コネクタ組み込み．

モジュラ・コネクタ

【締結方式】プラスチック・フック
【コンタクト】ストライプ/カンチ・レバー
【ピッチ】1.2 mm，1 列．
【定格電圧/電流】AC125 V/0.5 A
【適合ケーブル】電話用ツイスト線/ばら線
【ケーブル接続】一括圧着．
【開口極数-ピン数】4 極 2 ピン，4 極 4 ピン，6 極 2 ピン，6 極 4 ピン，6 極 6 ピン，8 極 8 ピン．
【特徴】電話用モジュラ・ジャックとしてよく知られている．オリジナルは米国ウエスタン・エレクトリック社の電話コネクタ．超小型で，挿抜が簡単であるにもかかわらず，必要十分な接点容量をもつ．

ハウジングの大きさは 4〜8 極の 3 種類がある．
【用途】家庭用屋内電話回線(6 極 2 ピン)，PBX 構内配線(6 極 4 ピン)，受話器コード(4 極 4 ピン)，LAN(8 極 8 ピン)．
【注意】ピン数が同じでも，ハウジングが異なると互換性はない．電極は中央の 2 本から順に使用する．基板用ジャックにはピン位置が逆転しているものがある．足ピッチが狭いので，試作などにはリード線付きが便利．プラグ側の配線には専用工具が必要．電話など 24 V 以上の電圧を扱う場合はパターン間距離に注意．
【オプション】ワンタッチ固定足，リード線つき，防塵カバー，ピン順逆転．

コネクタのインピーダンス

特別なものを除いて，同軸コネクタには「公称インピーダンス」が定義されていますが，この説明のためにはまず同軸ケーブルの性質について考えなければなりません．

図4は細長い同軸ケーブルの途中の一部分（たとえば長さ1cm分）を抜き出したものです．中心導体の周りに絶縁物，さらにその周囲を外部導体が取り巻く構造が，一種の円筒形コンデンサになっていることが直感的にわかりますし，実際に同軸ケーブルは優秀な高圧コンデンサとして使えます．この静電容量の計算は平行板型ほど簡単ではありませんが，比誘電率（ε_r）に比例し，直径比の対数[$\ln(b/a)$]に反比例します．参考のために中心側が＋のときの電気力線を矢印で表すと，**図4**のように放射状になります．

次に**図5**のようにケーブルの向こう側に負荷（R）が接続されると，中心導体には負荷に向かって電流が流れますが，このとき「右ねじの法則」にしたがって同心円状の磁界が発生します．これは中心導体自身にも作用してコイルの性質を示します．実際には外部導体の分散した帰還電流があり，このインダクタンスの計算も少々複雑ですが，絶縁物にあまり関係なく，直径比の対数[$\ln(b/a)$]だけに比例することが導き出されます．

このように同軸ケーブルはコイルとコンデンサ両方の性質をもち，ケーブル全体の等価回路は**図6**のようなLC回路の数珠つなぎになります．これは一見ローパス・フィルタのようにも見えますが，1cmではなくもっと微小に分割すれば，それぞれのL_iとC_iの値も微少な値になります．

さてこのようなコイルとコンデンサだらけのケーブルに高周波を流すと収拾がつかなくなってしまそうですが，これには特異解があって，たとえば**図7**のようにある値の抵抗を両端に付けることで，周波数に関係なくうまく波形を伝送できるようになります．これを「**整合を取る**」と呼び，この抵抗の値は同軸ケーブルの「**特性インピーダンス**」（Z_c）と同じ値になります．この特性インピーダンスは，

$$Z_c = \sqrt{L_i/C_i} = \frac{59.96 \cdot \ln(b/a)}{\sqrt{\varepsilon_r}} \qquad （式a）$$

と計算されます．式からわかるとおり，Z_0の値にはε_rと直径比b/aが関係します（不思議な定数59.96は真空中の誘電率ε_0と透磁率μ_0の定義による）．

コネクタもケーブルと事情は同じで，特性インピーダンスZ_0は中心コンタクトの外径aと，外部嵌合部の内径b，そしてインシュレータの誘電率ε_rで決まります．そしてもしコネクタとケーブルのインピーダンスが違っていると，さきほどの特異解の条件が崩れて，とくに高い周波数のときに波形を乱す原因になります．

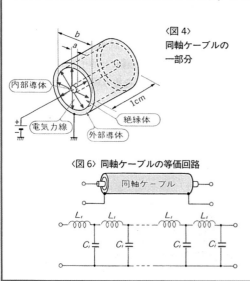

〈図4〉
同軸ケーブルの
一部分

内部導体　電気力線　絶縁体　外部導体

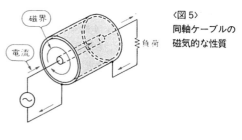

〈図5〉
同軸ケーブルの
磁気的な性質

磁界　電流　負荷

〈図6〉 同軸ケーブルの等価回路

同軸ケーブル

L_i　L_i　L_i　L_i
C_i　C_i　C_i　C_i

〈図7〉 整合条件

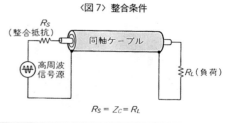

R_S
（整合抵抗）
高周波信号源
同軸ケーブル
R_L（負荷）

$R_S = Z_C = R_L$

(12) 小物機構部品

三宅和司

回路図に表現されにくい部品に機構部品があります．機構部品というとすぐにケースやねじ類などの機械部品を連想しますが，なかには回路の精度や信頼性を左右するような部品や，これがないとちょっと不便といったものもあり，設計時に十分な配慮が必要な場合もあります．ここではこのような部品の一例を紹介します．

絶縁チューブ

【名称と特徴】 ① ビニル・チューブ：もっとも安価，柔軟で色種類が豊富だが耐熱性に欠ける．② イラックス・チューブ：比較的高熱に耐え，高電圧にも使えるが固い．③ シリコン・チューブ：柔軟性，密着性に富み，高電圧にも耐えられるが，なかには機械強度や意外なことに耐熱性がよくないものもある．④ エンパイア・チューブ：ガラス繊維などの織布にシリコン系の樹脂を含浸したもの．耐熱性に優れる．⑤ テフロン・チューブ：フッ素樹脂のチューブで，絶縁性，耐候性，高周波特性，耐薬品性，高圧コロナ耐性に優れるが，比較的高価で柔軟性に乏しい．

【用途】 ① 一般保護用，結束用，マーキング用．② 高圧絶縁用，保護シース．③ 一般保護用，高電圧用．④ ヒータなどの導線保護用．⑤ 高絶縁用，高電圧保護用，実験室用．

【注意】 チューブごとに得意な用途があるので，特徴を把握したうえで使用すること．切れ端をライタなどであぶれば，耐熱性の確認ができる．

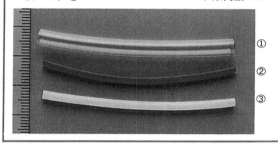

熱収縮チューブ

【構造】 熱収縮性の架橋ポリオレフィンまたはシリコン・ゴムでできたチューブ．

【特徴】 熱を加えることで直径方向に約50％収縮し，チューブの厚みが増すが，長さ方向にはほとんど収縮しない．内径，厚みなどで種類が豊富．①は比較的低い温度でも収縮率が高く，とくに薄手のものは収縮が素早い．また材質や色の自由度も高い．②は高温から低温まで柔軟性がよく気密性に優れ，しかも絶縁耐圧や化学安定性に優れるが，やや高価．

【用途】 コネクタや電線の接続点の絶縁，部品の絶縁および気密保護，アルミ電解コンデンサの絶縁シース，電線の結束用，電線の二重絶縁保護．

【注意】 あまり収縮率に頼らず，なるべく対象に合ったサイズを用意するほうが仕上がりがよい．覆う部分に鋭い突起，例えばはんだ不良でつららができていたりすると，チューブが損傷することがある．アマチュア的にはヘア・ドライヤやライタの炎でも収縮できるが，正しい温度管理にはヒート・ガンを使うこと．

灯台端子

【構造】フェノール樹脂またはセラミック棒の片端に配線用のはんだピンを，反対側に固定用のねじ台を取り付けたもの．ピンとねじ部は絶縁されている．

【用途】シャーシ内に立てて，信号の中継点として使う．基板上に立て，中〜高電圧信号間の安全距離確保に使用する．

【利点】とくに3個以上の電線や部品を基板外で接続/固定するときに便利．中〜高電圧の信号を含む基板では，パターン周囲全部に数〜数十mmの安全(沿面)ギャップが必要だが，これを使って高圧部を浮かせば基板面積の拡大を抑えられる．

【注意】フェノール樹脂は高温高湿で絶縁抵抗が低下することがある．セラミックはもろいので衝撃に注意すること．また表面は多孔質であり，カーボンや金属粉の付着があったり，鉛筆で不用意なマーキングを行うとスパークを起こすことがある．

テフロン端子

【構造】フッ素樹脂を使った基板用絶縁端子．基板への固定方法はねじ，はんだづけ，絶縁体圧入などがある．はんだピンと固定部は絶縁されている．

【用途】イオン検出器やpHメータ，エレクトロ・メータなど極端に低い漏れ電流が要求される回路．

【利点】近年の超高インピーダンスOPアンプなどの電流精度は，普通のガラス・エポキシ基板の漏れ電流よりはるかに小さい．したがって素子の性能を最大限活用するためには，素子の入力部分を漏れ電流のきわめて小さいテフロン端子を使って立体配線する必要がある．

【注意】性能発揮のため，とくに洗浄に注意すること．基板取り付け部にガード・パターンを設けることでさらに漏れ電流を低減できる(コラム参照)．なお特殊な前処理なしにテフロン樹脂自体を接着することはきわめて困難である．

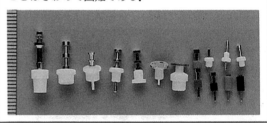

放熱シート

【用途】一般に熱を伝えやすい物質は電気導電性も高いが，非絶縁タイプのパワー・トランジスタを放熱板に取り付けるときは，導熱性の高い絶縁物のシートが必要になる．このためいろいろな特徴をもった放熱シートが市販されている．

① マイカ・シート

【特徴】耐熱性，加工性，導熱性がよく比較的安価．しかし柔軟性がなく，取り付け面に無数の小さな隙間が残り熱抵抗が増すので，必ず放熱用シリコーン・グリースを薄く両面に塗る必要がある．

【注意】機械的にもろく，薄く剥がれる傾向がある

ので，取り扱いには注意すること．シリコン・グリースの塗りすぎはかえって熱抵抗を高くする．

② シリコーン・シート

【特徴】一般的に小〜中電力用途にもっとも使われている．柔軟性に富み，グリースを塗る必要がないため作業性がよい．放熱特性や機械強度の改善のためマイカ粉やセラミック粉が混合される．ねじを使わないクランプ取り付け用にチューブ状の製品もある．

【注意】同じ外見でも，材質グレードが数種類ある．柔らかいので，締めすぎるとトランジスタのフィンがシートに食い込み，絶縁が破れることがある．

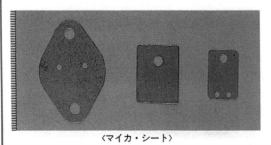

〈マイカ・シート〉

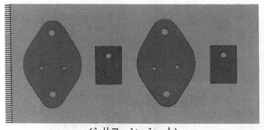

〈シリコーン・シート〉

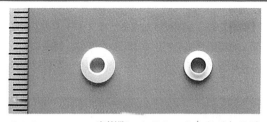
テフロン端子の効用

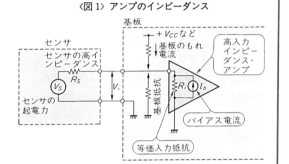

〈図1〉アンプのインピーダンス

　pH鋭敏性ガラス・センサなど，ときとしてたいへん内部インピーダンスの高いセンサを扱わねばならないことがあります．この場合の入力アンプには極めて高いインピーダンスと微小なバイアス電流をもった特殊なOPアンプが必要です．

　それは図1のようにセンサ信号 V_s の減衰や，センサの高インピーダンス R_s が環境条件で変化する可能性を考えると，アンプの入力インピーダンス R_i は，$R_i \gg R_s$ でなくてはならないのはもちろん，アンプの入力バイアス電流 I_b による電圧が，センサ信号 V_s より十分小さくないと，何を測っているのかわからなくなってしまうからです．

　ところで紙エポキシやガラス・エポキシなどの基板材料自体は普通の回路に使う限り十分な絶縁物ですが，上記のような場合には基板抵抗が無視できなくなってきます．また実際にはフラックスの残りや埃，湿度などが関係して，基板材料の実力値より1桁以上抵抗が下がってしまうこともあります．部品をそのまま実装すると，実質的な入力インピーダンス R_i が下がってしまいます．

　もっと悪いことに，付近の電源パターンなどからも基板抵抗を通じて漏れ電流が流れ込み，見かけの

バイアス電流を何桁も増やしてしまう恐れがあるのです．

　こういった場合に入力端子にテフロン端子を使うと，基板全体を高価な高絶縁基板にしなくとも，入力インピーダンスを高く保つことができます．またこの根元の基板部分に図2のような「**ガード・リング**」のパターンを設け，これをグラウンドにつなぐことで周りのパターンからの漏れ電流を吸収してやれば，不当なバイアス電流の増加を防ぐことができます．さらに図3のようなドライブ回路でガード電極をなるべく入力電圧と一致させるようにすれば，理論上の漏れ電流はなくなり，等価的にテフロン端子の等価抵抗を大きくできます．

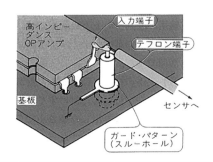

〈図2〉
ガード端子

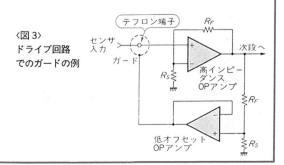

〈図3〉
ドライブ回路
でのガードの例

圧着端子スリーブ

【構造】めっき銅板に丸穴またはフォーク状の締結部と電線圧着部をプレス加工したもの．製品によっては圧着部にプラスチックの絶縁カバーが付けられている．

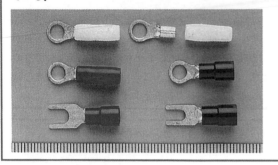

【用途】電線をねじ式ターミナルに接続する場合，または圧着式のラグ板として使用する．

【利点】スイッチング電源や電源プラグなどのねじ式ターミナルに直接電線をねじ付けるのは信頼性に乏しいので，このような圧着スリーブが必要になる．圧着式なので接続能率がよく，屋外でも作業できる．

【注意】ねじのサイズや適応する電線太さで多くの種類があり，それに応じて圧着ペンチが異なる．圧着ペンチはトルク管理のできるものがベター．

　フォーク型は取り付け/取り外しが簡単だが，先が広がりやすく，張力がかかる用途には向かない．サイド・ガードのないターミナルには絶縁カバー付きが適当．

卵ラグ，平ラグ

【構造】丸穴をあけた薄いめっきしんちゅう板

【用途】ケース，シャーシなどへの電気接続．

【利点】はんだ付けのできないアルミ板やはんだ付けの困難なシャーシへの電気接続の際に，一旦これにはんだ付けしてからねじで固定/接続する．また接続線の取り外しが容易になり，保守にも便利．

【注意】はんだ部分に応力がかかりやすいので，必ずからげてからはんだ付けすること．

はとめラグ

【構造】ラグ板の穴部分がはとめになったもの．

【用途】基板からの電線引き出し．

【利点】実験基板，モジュール基板など，とくにコネクタを付けるほどではない場合の電線引き出しに便利．

【注意】電線に引き出し方向以外の力がかると，ラグ部分が曲がることがある．つばの部分が広いので，基板上下の接続を兼ねるのはおすすめできない．

はとめ

【構造】薄手のしんちゅうパイプを加工して，片側につばを付けたもの．鳩目．電気用より閻魔帳(えんま)などの紙綴じや，皮ベルトの穴補強としてよく見かける．

◀はとめ専用のポンチ

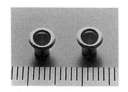

【用途】基板のパターンのない部分に中継/引き出し端子が必要な場合，およびスルー・ホールのない両面基板の上下接続用．

【利点】基板に穴をあけてかしめるので機械強度に優れる．スルー・ホール作成の困難なテフロン基板や実験用両面基板の上下接続用には，太い錫めっき線を使うより作業性がよく，また部品用ランドとしても活用できる．

【注意】上下の接続には，かしめたあと両面とも必ず基板パターンにはんだ付けすること．また専用のポンチを使うとはみ出しを小さくできる．最近は小径のはとめが入手しづらくなった．

基板用スペーサ

① パイプ型

【構造と特徴】 ベークライト，ポリアセタール樹脂，または金属製の単純なパイプで，長いねじで基板とともに挟み込む．削って高さを調整できる．

【用途】 プリント基板および各種パネルの固定．

【注意】 機構設計によっては組立順に制限が出てくることがある．横方向の力でねじが変形することがある．金属製のものは，内径とねじ径間の遊びが多いと，パターンに触れて導通する危険がある．

② 金属切削型

【構造と特徴】 六角または円柱の棒の両端に旋盤で雌ねじまたは雄ねじを加工したもの．強度や耐熱性が高く，上下のねじが独立なので作業性がよいが，全体が電気的に導通している．

【用途】 プリント基板やパネル，放熱器などの固定およびプリント基板のGNDとシャーシとの接続．

【注意】 全長の短いものは，固定ねじの長さ制限に注意すること．電気的に導通しているので，意図的にこれを利用するとき以外は，基板パターン側に取り付け誤差を考慮した十分な逃げを作っておくこと．

③ 樹脂モールド型

【構造と特徴】 ABSやポリアセタール樹脂にスタッドやインサート・ナットを埋め込み，成形したもの．スペーサの上下のねじは絶縁されているのが普通．また上下のネジが独立なので作業性がよい．

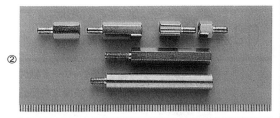

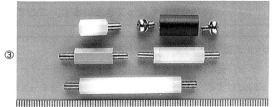

【用途】 プリント基板の固定．

【注意】 上下のねじ部分が導通している特殊なものもある．短いものは固定ねじの長さ制限に注意すること．ABS樹脂に直接雌ねじを切った製品は強度的に疑問が残る．また高温になる用途には向かない．

④ タイト・スペーサ

【構造と特徴】 セラミック棒の両端に雌ねじを切ったもの．または両端に金属のスタッドやインサート・ナットを接着したもの．スペーサの上下のねじは絶縁されており，耐電圧，耐熱性に優れる．

【用途】 基板および放熱器の固定．高圧回路の保持．

【注意】 直接雌ねじを切ってあるものは，ねじ山が欠けやすいので，締め始めやトルクに注意すること．また機械的にもろいので注意すること．

①

④

ガラス・ビーズ

【用途と利点】 金属ケースに封入された水晶発振子などの部品を直接プリント基板に付けると，金属ケースがプリント・パターンに触れてしまう可能性がある．またディップ型の固体タンタル・コンデンサなどを基板すれすれに実装すると，振動による応力がリード線の付け根に集中し，切れてしまうことがある．こういった場合にガラス・ビーズをリードに挿入し機械的に安定させる．

【注意】 基板用チェック端子を扱っている商社で入手する方法と，手芸用ビーズを流用する方法がある．後者は安価であるが，プラスチック製のものもあるので，事前に加熱したり洗浄して性能を確かめる必要がある．

(13) 表面実装部品

三宅和司

これまで一般の電子部品…リード線付きのものを取り上げてきましたが，最近の電子機器を見ると，ほとんどが表面実装部品を使った高密度実装技術によって作られています．小型化，ひいては高性能化(高周波化)が図られ，コンパクト化が進むにつれ日本の得意分野にもなってきています．ここでは代表的な受動部品を紹介します．

チップ抵抗

チップ抵抗の歴史は小型のカーボン抵抗からリード線だけを取り去ったようなメルフ型から始まった．現在の主流は角板型で，①厚膜型と②薄膜型に分類でき，いずれも小型化が急速に進んでいる．

角板型チップ抵抗

【構造】薄いセラミック板に，①はサーメット系の抵抗体を印刷/焼き付けし，②は金属蒸着で抵抗パターンを作り，トリミング調整を行う．この上にガラス保護膜と，両端にコの字型に電極を形成する．電極には銀パラジウムとメッキ電極がある．

【特徴】①もっとも一般的に使われているタイプで，カーボン抵抗よりも電気的特性が優れ，製造メーカや機種もたいへん多く低価格．

②は精度が高く温度係数も小さい．どちらも抵抗値は略数字で表示されるか，無捺印．

【用途】①電子回路一般．②高精度アナログ回路，時定数回路．

【注意】消費電力の制限に注意すること．例えば1/16 W 型の場合，12 VDC では 2.2 kΩ 以下は使えない．また基板パターンのギャップも狭くなるので，パルス耐圧にも注意すること．

温度係数はメーカや抵抗値でかなり異なる．

【仕様例】抵抗値：① 10 Ω〜2.2 MΩ，E24 系列，② 10 Ω〜100 kΩ，E24 系列または E92 系列．精度：①±2%（G）〜±10%（K），②±0.1%（B），±0.5

金属箔チップ抵抗(サンプル提供：アルファ・エレクトロニクス㈱)

%（D）．温度係数：① ±200 ppm／℃，② ±25 ppm/℃〜±100 ppm/℃．耐電力：① 1/16 W〜1 W，② 1/16 W〜1/10 W．

金属箔チップ抵抗

【構造】基板に張り付けた金属箔抵抗体をエッチングし，さらにレーザ・トリミング調整したものを表面実装用モールド・ケースに封入したもの．

【特徴】たいへん精度が高く温度係数も小さいので，「ここだけは」という用途のキー・デバイスになる．雑音も理論値に近い．

【用途】高精度アナログ回路，計測器，電流検出．

【注意】原理上，抵抗範囲が限られる．性能を活かすには実装時にストレスがかからないように注意すること．まだコストが高く，メーカも限られる．

【仕様例】抵抗値：30 Ω〜30 kΩ．精度：±0.05 %（A），±0.1 %．（B）温度係数：±5 ppm/℃，±10 ppm/℃．耐電力：1/10 W．

角型チップ抵抗(厚膜型)

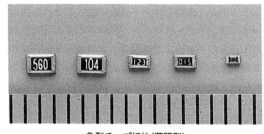

角型チップ抵抗(薄膜型)

積層セラミック・チップ・コンデンサ

　初期の頃はメルフ型のものをよく見かけた．抵抗と同様に現在の主流は角板型で，セラミック材によって①低誘電率系と②高誘電率系に分類できる．

【構造】薄いセラミック基材シートに電極を印刷し，これをパイのように何重にも重ねて焼結し，両端にコの字型に電極を形成する[1]．

【特徴】①小容量に向き，温度係数が選択可能．また高周波特性のとくに優れたものもある．②は形状のわりに大容量が得られるが，温度特性や精度はかなり悪い．いずれも無捺印のことが多い．

【用途】①タイミング発生，位相補償，高周波回路，交流結合．②パスコン，精度を必要としない回路．

【注意】①温度特性によって容量対形状の制限が大きい．②温度係数がたいへん大きく，また電圧で容

低誘電率系　　　　　　高誘電率系

量が変化するので用途が限定される．

【仕様例】容量値：① 0.5 pF～0.01 μF，② 0.01 μF～10 μF，E24系列．精度：①±2 %(G)～±10 %(K)，②±5 %(J)～+80/−20 %(Z)．温度係数：①±30 ppm/℃～(+350/−1000)ppm/℃，②±15 %～(+22/−82)%/℃(@ −25～+85 ℃)．耐圧：25 V，50 V，100 V，200 V．

フィルム・チップ・コンデンサ

【構造】比較的耐熱性の高いPPS(ポリフェニレン・サルファイド)フィルムに電極金属を蒸着したものを積層し，両端面に電極を付けたもの．

【特徴】中容量の無極性コンデンサとしては精度が高く誘電正接も小さい．

【用途】2重積分型A-Dコンバータ，タイミング発生，位相補償，交流結合．

【注意】実装時の温度管理を徹底すること．積層セラミックに比べると形状が大きく，コストも高く，製造メーカも限られる．

【仕様例】容量値：1000 pF～0.1 μF，E12系列．精度：±5 %(J)，±10 %(K)．誘電正接：0.002以下．耐圧：25 V．

タンタル・チップ・コンデンサ

【構造】個体タンタル・コンデンサの中身をプラスチックのモールド・ケースに収めたもの[1]．

【特徴】容量/形状比が大きく，電解型としては電気的特性が良い．製造メーカ，品種とも豊富．

【用途】タイミング発生，低周波回路．

【注意】逆極性や耐圧を上回るサージ電圧によってショート・モードで故障することがあるので，場合によってはヒューズ付きを使う．また標準品のリプル電流規定はたいへん厳しい．容量や耐圧と形状の関係はメーカや機種によってかなり異なる．

【仕様例】容量値：0.1 μF～220 μF，E6系列．精度：±10 %(K)，±20 %(M)．誘電正接：0.06以下．耐圧：4 V～50 V．

機能性高分子電解チップ・コンデンサ

【構造】電解液のかわりに導電性高分子を使ったアルミ電解素子をモールド・ケースに封入したもの．

【特徴】電解型にも関わらず，フィルム・コンデンサなみの高周波特性をもつ．

【用途】フィルタ，電源回路，オーディオ回路．

【注意】まだコストが高く製造メーカも限られる．

【仕様例】容量値：2.7 μF～10 μF．精度：±20 %(M)．誘電正接：0.005以下．耐圧：6.3 V～16 V．

文献 1)"Capacitor", Donald M.Trotter,
SCIENTIFIC AMERICAN, July／1988.

アルミ電解チップ・コンデンサ

【構造】素子自体は普通の小型アルミ電解と同じ. 保持部分は素子を基板に①垂直に立てるタイプと②水平に保持するタイプがある[2].

【特徴】①大容量チップ・コンデンサとしては現在の主流で, メーカ, 品種とも豊富. ②品種は小容量に限られるが実装時の高さを薄くできる.

【用途】一般電子回路, 電源回路.

【注意】電極部分はリフロはんだ付けを前提にしており, 手はんだには向かない. 構造上, はんだ付け/取り外し時に規定外の高温にさらすと爆発する恐れがある. 容量と形状の関係はメーカによってかなり異なる.

【仕様例】容量値:0.1 μF〜220 μF, E6 系列. 精度:±20 %(M). 誘電正接:0.26 以下. 耐圧:4 V〜50 V.

垂直型

水平型

表面実装用単回転サーメット・トリマ

【構造】セラミック板に電極とサーメット系抵抗パターンを印刷/焼結し, 中心にワイパをかしめたもの. 上記のエレメントそのままの解放型と, Oリング入りのケースでシールした密封型がある.

【特徴】コンパクトで厚膜チップ抵抗並みの温度特性をもつ. 用途によって3端子型と2端子型がある. また調整方向は部品側, 基板側, 上下兼用がある.

【用途】固定部品の誤差調整, レベル調整など.

【注意】作りが華奢なので, 調整トルクに注意すること. 回路図でワイパ側を明示すること. 解放型の洗浄はできない. また密封型の場合も制限がある.

【仕様例】抵抗値:10 Ω〜2 MΩ. 抵抗値誤差:±20 %. 温度係数:±100 ppm/℃. 定格電力:1/4 W.

表面実装用セラミック・トリマ

【構造】半円形の固定電極を埋め込んだセラミック台に同様の電極を付けた回転子円盤を重ね, 回し溝の付いたシャフトで中心をかしめたもの.

【特徴】たいへんコンパクトで自動実装も可能. 洗浄可能な製品もある.

【用途】水晶発振回路や高周波回路の周波数調整, インピーダンス・マッチング, 中和コンデンサ.

【注意】あまり大容量のものは得られない. 回転子側が低インピーダンス側になるような回路にすること.

【仕様例】最小/最大容量値:1 pF/3 pF〜5 pF/40 pF. 温度係数:±500 ppm/℃〜−750±500 ppm. 耐圧:25 V.

角型チップ・コイル

【構造】小さなフェライト・コアに微細ワイヤを巻き, 角型のモールド・ケースに収めたもの.

【特徴】コイルとしては非常にコンパクトで, 自動実装も可能. また構造的に磁気シールドが施され, 高密度実装でも相互干渉が少ない.

【用途】信号フィルタ, EMI 対策, 電圧ポンプ回路.

【注意】体積が限られるため, とくに飽和電流に注意すること.

【仕様例】インダクタンス値/飽和電流値:10 nH/725 mA〜1 mH/5 mA. 自己共振周波数:2.1 GHz〜2.4 MHz 以上.

文献 2)特設記事「アルミ電解コンデンサの正しい使い方」, 松島学, トランジスタ技術 1995 年 6 月号, CQ 出版社.

振動子

発振器

面実装用水晶発振子/発振モジュール

【構造】小さなセラミック板上に水晶振動子単独で、または発振回路を併せて載せ，金属やセラミックのケースをかぶせて封止する．

　小さなシリンダ型の発振子をさらにモールド・ケースに収めた，音叉型もある．

【特徴】以前は，実装法や洗浄の関係であと付けが多かった水晶発振子も一括表面実装が普通になった．占有面積が小さく，周波数精度が高い．

【用途】ディジタル回路のクロック，基準信号，PLL.

【注意】振動子単体では同調容量や許容励振レベルが小さいので注意．発振回路内蔵型は負荷条件に注意する．超音波洗浄はさける．標準周波数を確認すること．

【仕様例】周波数：3.579545 MHz〜20.0 MHz. 周波数温度係数：±200 ppm/℃以下．

面実装用電磁リレー

【構造】通常型のマイクロ・リレーまたはリード・リレーの端子部をSOPパッケージと同じようにしたもの．

　場合によって補強用のダミー端子が設けられる．

【特徴】機械接点ならではの高いON/OFF比が得られ，アイソレーションも容易．

【用途】制御機器の入出力，モデム，計測器．

【注意】表面実装部品としては重く，モーメントが大きいので接着剤やアンカ・パターン併用も検討する．できればフォトMOSリレーやフォト・カプラ，アナログ・スイッチなどが使えないか検討すること．

【仕様例】コイル電圧：DC3〜24 V. 接点：2 c.開閉容量：DC30 V，1 A（抵抗負荷）．

部品の微小化

　冒頭でも述べた通り，以前は補聴器や衛星機器の技術だった表面実装が1980年代の軽薄短小ブームに乗って，今では主流の実装技術になっています．

　それにつれチップ部品も，メルフ型から角型へ，またサイズも3.2×1.6（mm）から2.0×1.25（mm）へと変遷し，現在は1.6×0.8（mm）から1.0×0.5（mm）へと移行しつつあります．微小化の原動力は，おもにセットの軽薄短小化と実装の自動化にありますが，同時に浮遊容量やインダクタンスの低下によって高速化のメリットも生じます．

　しかし部品の微小化はまた別の問題を引き起こします．例えば1/16 Wの抵抗では消費電力に注意が必要で，連続して5 Vかかる可能性のある場合は390 Ω以下は使えません．同様に12 Vでは何と2.2 kΩが使えないのです．

　また1005サイズ（1.0×0.5（mm））の電極間ギャップは最大でも0.5 mmですから，ピーク電圧で25 Vが限度と思われます．そうするとちょっとしたキックバック電圧も抑えてやらねばなりません．

　もちろんこれらの部品はリフロはんだ付けや自動実装が前提になっています．

　　　　＊　　　　　　　＊

　さてこの記事のコンセプトは，日頃あまり現物の部品に触れることのない方々が倉庫や秋葉原で部品を見わけやすくすることとともに，回路設計者の方々に必要な部品知識を提供することにありました．前者に関しては，多少時代遅れとも思える部品も含めて今，秋葉原で買える受動部品を心がけてきまし

表面実装用集合抵抗

【構造】大きく分けて①厚膜型と②薄膜型があり，用途が異なる．電極パターンを形成した薄いセラミック板に①は印刷/焼結で，②は蒸着とエッチングで抵抗体を作りレーザ・トリミングを行う．パッケージは櫛形のエレメントに保護膜を付けただけのタイプと，樹脂モールドしたSOP型がある．

【特徴】①は多数の抵抗を小面積に同時に実装でき，とくに抵抗終端の場合に有利．②は抵抗精度やパッケージ内のペア性が高く温度係数も揃っている．同一抵抗仕様のほかにR-2Rラダー型や高周波アッテネータ用もある．

【用途】①ディジタル回路のプルアップ/終端，②高精度アナログ回路，高周波アッテネータ．

【注意】①表面実装では自動実装が主流なので，単一のチップ抵抗を並べた場合に比べてあまりメリットがない場合がある．②ペア性は同一パッケージの

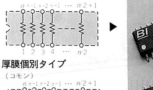
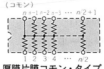

厚膜個別タイプ
（コモン）

厚膜片膜コモン・タイプ

みで成立するので，回路を工夫すること．

【仕様例】素子数：①7～28素子，②4～15素子．抵抗値：①22Ω～1MΩ，E12系列，②1kΩ，10kΩ，20kΩ．素子精度：①±2％(G)，±5%(J)，②±0.1%(B)～±1%(F)．相対精度(②のみ)：±0.05％～±0.5％．素子温度係数：①±100ppm/℃～±250ppm／℃，②±25ppm/℃．相対温度係数(②のみ)：±5ppm/℃．

薄膜型
単一抵抗

サンプル提供：
進工業㈱

厚膜型
ターミネータ

薄膜型高周波
アッテネータ

た（今回の表面実装部品は少々入手困難であるが）．しかし部品の変遷はたいへん速く，この記事もすぐにゴミになってしまうことでしょう．

後者では，回路技術者（筆者もそのはしくれですが）が設計する際には現実の部品の誤差や特性をイメージしておかないと，あとで製造者を困らせたり，逆に思ったスペックが出ない製品ができ上がってしまいます．

筆者の力不足や誌面の関係で取り上げられなかった部品や説明不足の点はたいへん多いと思いますから，本誌のほかの文献2)や文献3)，カタログなどをぜひご参照ください．また可能ならば身近にいらっしゃる部品に詳しい方々にアドバイス　受けるとよいでしょう．この記事がそのきっかけになれば本当に幸いです．

表面実装用チェック端子

【構造】中央に環のついた金属片など，いろいろなタイプがある．

【特徴】表面実装基板のチェック・ポイントにプローブなどが引っかけやすくなり，調整などに便利．

【用途】基板のチェック，調整用．

【注意】基板パターンの剥離強度を考えて，軽くて柔軟なプローブを使うこと．量産にはチェック端子を使わず，スプリングつきのプローブ・ピンを使うことが多い．

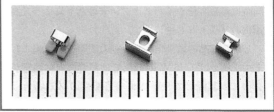

文献3)「どうすれば設計通りに動くか」，岡村廸夫，日刊工業出版社．

(14) EMI 対策部品

坂巻佳寿美

一般にEMI対策といえば，電波のような高い周波数成分（数百kHz以上）のうちの不要な電気信号（高周波ノイズという）を，いかにして許容できるレベル以下にまで減らすかということです．電子回路の動作速度が高速になればなるほど，高周波ノイズが出やすくなります．また，軽薄短小化が進むほど，影響を受けやすくなります．

したがって，これらへの対策部品として，ノイズの発生状況や対策箇所などに適した種々の対策部品が登場してきています．また，電子機器の小型化・高性能化にともなって，ノイズ対策部品も小型化・高性能化が進んでいます．最新情報をチェックしましょう．

3端子コンデンサ

T型フィルタ回路の構成をもつノイズ対策部品の代表的な存在といえるでしょう．

数Aの電流を扱えることから，DC電源ラインから信号ラインまでの広い範囲で使用することができます．外形寸法から，DIPタイプのICを使った回路への使用が適しています．

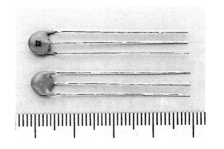

ビーズ付き3端子コンデンサ

3端子コンデンサのリード線端子にフェライト・ビーズを挿入し，ライン・インダクタ成分を大きくしてノイズ除去効果を高めたものです．使用法などは3端子コンデンサと同様です．

下の図は一般の2端子コンデンサと3端子コンデンサの構造と挿入損失特性の違いを示したものです．3端子コンデンサの優位性がよくわかると思います．

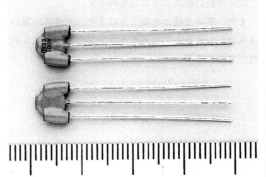

2端子コンデンサと3端子コンデンサの構造と挿入損失特性
(西川善栄；ICの電源ライン・ノイズを対策する，トランジスタ技術1998年2月号，p246より)

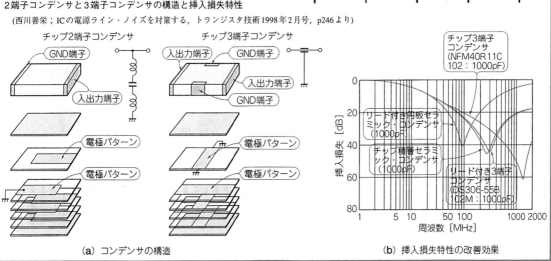

(a) コンデンサの構造

(b) 挿入損失特性の改善効果

サンプル提供：（株）村田製作所

チップ型3端子コンデンサ

　小型化・高性能化する電子機器のノイズ対策用として，3端子コンデンサをチップ化したものです．リード線の代わりに微小な電極とすることにより，大幅に小型化されています．

　リード線がなくなったために，高周波領域におけるリード線による悪影響（残留インダクタなど）が低減されるなど，高周波特性が改善されています．

　信号成分とノイズ成分の周波数分布が異なる場合で，ノイズ成分の周波数のほうが高い場合に使用します．チップ型は，表面実装部品と共に，自動装着機による実装に向いています．

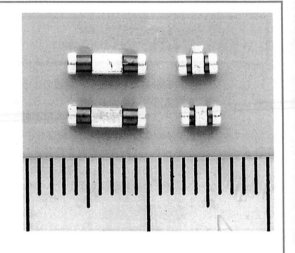

アレイ型3端子コンデンサ

　複数のチップ型3端子コンデンサを，一つの部品としてDIP型ICのような形状にまとめたものです．マイコン回路のバスやプリンタ接続用のパラレル・ポートなどのように，複数本の信号線に同様のノイズ対策を行うような場合に利用すると，基板への取り付け面積が削減できて効果的です．

　また，アレイ型とすることにより，ノイズ対策の基本の一つとなっているグラウンドの安定化にも有効と思われます．

アレイ型フェライト

　複数のチップ型フェライトを，一つの部品としてDIP型ICのような形状にまとめたものです．マイコン回路のバスやプリンタ接続用のパラレル・ポートなどのように，複数本の信号線に同様のノイズ対策を行うような場合に利用すると，基板への取り付け面積が削減できて効果的です．

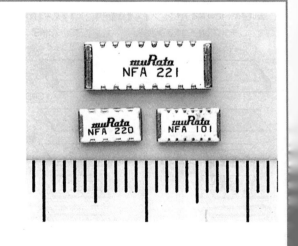

チップ型フェライト

　ノイズ対策部品として一躍有名になったものに，フェライト・ビーズがあり，そのフェライト成形時に，合わせて微小な電極を作り込み，チップ化したものです．フェライト・ビーズはチョーク・コイルと同じようにインダクタ(L成分)として作用します．

　高速化した伝送ラインにおいて生じやすい回路間インピーダンス不整合などへの対策に有効です．直流抵抗が小さいため，ＤＣ電源回路のノイズ対策などにも使用することができます．形状，インピーダンス，電流容量など，いろいろなものがシリーズ化されていますので，適用する回路や，ノイズの状況に応じて選択することができます．

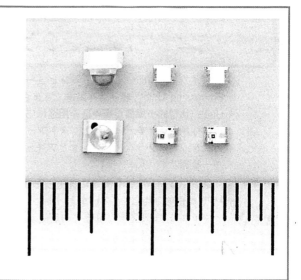

チップ型 EMI フィルタ

　電子機器の軽薄短小化に合わせて，チップ化された各種のEMIフィルタが多数登場しています．電源ライン，データ・ライン，インターフェース・ラインなど，不要輻射対策箇所に応じて，適したフィルタを選択する必要こそが大切です．とくに，高性能なEMIフィルタの使用に際しては，ノイズ成分と共に信号成分までを減衰させてしまわないように注意することが必要です．

　チップ型EMIフィルタには，一般的な3端子コンデンサやフェライト・ビーズを使ったもののほかに，高速信号用フィルタ，DC電源ラインでの使用に適した大電流用フィルタ，広帯域で波形ひずみを抑えた分布定数型フィルタなどがあります．

　下の図はディジタルICの電源端子にバイパス用として3端子コンデンサとEMIフィルタを入れたときの効果の違いを示したものです．

EMI除去フィルタによるバイパス効果の改善

(西川善栄；ICの電源ライン・ノイズを対策する，トランジスタ技術1998年2月号，p246より)

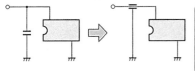

3端子コンデンサは残留インダクタンスが小さいため，高周波ノイズをより大きく除去できる

(a) 3端子コンデンサによるバイパス効果の改善

バイパス・コンデンサは3端子コンデンサでも良い

(b) インダクタによるバイパス効果の改善

(15) マイクロプロセッサ

編集部

マイクロプロセッサは，コンピュータ・システムの中心としてのCPU(Central Processing Unit)，組み込み用途でさまざまな制御の頭脳となるMPU(Micro Processing Unit)，比較的小規模な組み込み用途に応用されるワンチップ・マイコンなど，いくつかの呼称があります．いずれも，ストアード・プログラム方式と呼ばれるプログラム実行方式を，プログラム・カウンタとアキュムレータ，バス・コントローラで実現したLSIが一般的です．

最近では，パソコン向けに特化したCPUや，組み込み用途に便利な機能を内蔵したMPUが豊富に供給されています．

マイクロプロセッサにも多くの歴史がありますが，ここでは最近のものを紹介します．

7700，M16C/61，M16/11，M32R/D ファミリ

三菱電機の16/32ビット・マイコンのファミリです．

7700ファミリは16ビット汎用マイコンで，サブクロック内蔵の低消費電力タイプ，10/8ビットA-Dコンバータ内蔵タイプ，モータ制御機能やDMACを内蔵したタイプに分かれています．

M16C/61は4〜10KバイトのRAMを内蔵した汎用マイコンで，S＆H付き10ビットA-Dコンバータ，8ビットD-Aコンバータ，16ビット・タイマ，シリアルI/Oなどの機能を内蔵しています．

M16/11は32ビット汎用マイコンで，64Mバイトの外部アドレス空間，9チャネルのタイマ，4チャネルのDMAC，S＆H付き10ビットA-Dコンバータ，DRAMコントローラなどを内蔵しています．

M32R/Dは32ビットRISCアーキテクチャのCPUコアと大容量のDRAMをワンチップ化したマイコンです．外部データ・バスは16ビットですが，24ビットの外部アドレスで4Gバイトの論理メモリ空間を操作できます．1MバイトのDRAMと4Kバイトのキャッシュ・メモリを内蔵し，66.6 MHzの内部クロックで動作します．

7700 ファミリ

M16C/61

M16/11

M32R/D

V850ファミリ

　日本電気の組み込み用途向けの16ビットRISC(Reduced Instruction Set Computer)マイコンです．ファミリのラインナップはV851/V852/V853/V854/V850Eシリーズに分かれています．

　CPUコアにROM/RAMをはじめ，シリーズによって16ビット・タイマ/カウンタ，10ビットA-Dコンバータ，12ビットPWM，ボーレート・ジェネレータ付きUARTなどを内蔵しています．さらに，RISCアーキテクチャでありながらDSP(Digital Signal Processing)機能をもち，16ビット乗算を1クロックで実行します．

　写真はV850/SA1とV850E/MS1です．

V850/SA1

V850E/MS1

SuperHファミリ

　日立の32ビットRISCマイコンで，SH-1/-2/-3/-4などのシリーズがあります．

　SH-1は16ビットのDSP機能(乗算/積和演算)をもち，4チャネルのDMAC，5チャネルのタイマ，2チャネルのシリアル・ポート，ウォッチドッグ・タイマを内蔵しています．写真はSH7034です．

　SH-2は32ビットのDSP機能をもち，4Kバイトのキャッシュ・メモリ，2チャネルのDMAC，1チャネルのシリアル・ポートを内蔵しています．写真はSH7604です．

　SH-3は32ビットDSP機能，8K/2Kバイト・キャッシュ・メモリ，1チャネルのシリアル・ポート，3チャネルのタイマに加えて，DRAMやPCMCIAインターフェースを内蔵しており，WindowsCE搭載のハンドヘルドPCなどに応用されています．写真はSH7708です．

　SH-4は浮動小数点演算機能，128ビットのグラフ

SuperHファミリ

ィックス・エンジンを内蔵したマルチメディア機器向けのシリーズで，写真はSH7750です．

Pentium

おなじみWindows系パーソナル・コンピュータの中心部となるインテル社のCPUです。

PentiumMMX/Pentium II はマルチメディアと通信を実現しやすい命令体系としてMMX機能を備えています。Pentium II では，Pentium Pro で培われたダイナミック・エグゼキューションとデュアル・インディペンデント・バス・アーキテクチャによるパフォーマンスの向上が図られています。チップ上に命令用16Kバイト＋データ用16Kバイトの1次キャッシュ・メモリを内蔵し，さらに512KバイトのバーストSRAMを2次キャッシュ・メモリとしてパッケージ内に内蔵しています。

Pentium II のパッケージは SEC(Single Edge Contact)カートリッジと呼ばれる特殊なもので，242ピンのシングル・エッジ・コネクタによってマザー・ボードに実装されます。従来のPGAコネクタのソケット7などに代わり，専用のコネクタはスロット1と呼ばれます。

Pentium Pro

Pentium

Pentium II

Pentium IIのブロック図

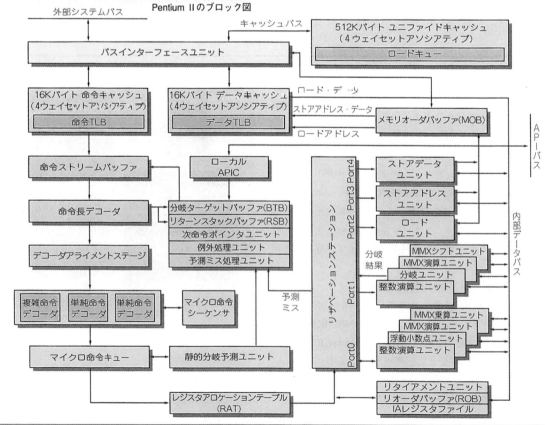

(16) メモリ IC

川上昴記

メモリ IC は，大きく ROM と RAM とに分類されます．ROM（Read Only Memory）が読み出し専用なのに対し，RAM（Random Access Memory）は書き込みも読み出しもできる IC です．なお，Random Access とは，メモリ・セル・アレイの中の任意の番地のメモリ・セルの記憶内容を，読み出したり，書き込んだりすることが随時できることをいいます．

RAM は，記録する方法により，DRAM（Dynamic RAM）と SRAM（Static RAM），画像用メモリのような特殊用途向けのメモリとに分けることができます．

SRAM（Static RAM）

SRAM は，1 ビットの情報を二つの FET を使って静的（Static）に記憶するメモリで，電源を投入した状態ではデータを保持し続けます．

メモリ・セルを構成するトランジスタの数は DRAM より多くなります．同じ最小線幅の IC 製造技術では記憶容量は DRAM の約 1/4 と小さくなりますが，DRAM に比べ，動作が高速で低消費電力であることがメリットとなっています．

消費電流を抑えた中速タイプの SRAM と，高速タイプの SRAM とがあります．

また，通常の SRAM のほかに，高速なバースト転送に対応するバースト SRAM があります．これは，1 回のアドレス入力で連続してデータの読み出

1M ビット・シンクロナス SRAM

しが行えるため高速な転送に向いており，パソコンのキャッシュ・メモリとして利用されています．

Triton チップ・セットのパソコンに使われているパイプライン・バースト SRAM（シンクロナス SRAM）は，バースト SRAM より低価格なので，こちらのほうが主流となっているようです．

1M ビット SRAM

バースト DRAM（上:4 M ビット品，下:8 M ビット品）

PSRAM（Pseudo SRAM）

PSRAM（疑似 SRAM）は，メモリ・セルは DRAM 構造ですが，コントロール回路には SRAM 方式を採用し，見かけ上 SRAM にしたメモリです．

SRAM に比べて安価で，記憶容量が大きいといった特徴をもっています．ただし，データ保持電流は SRAM に比べて 1 桁大きいため，長時間のデータ保持用途には不向きです．

疑似SRAM（左:1 M ビット品，右:4 M ビット品）

サンプル提供：沖電気工業㈱，日本電気㈱

DRAM(Dynamic RAM)

　DRAM は，情報を記憶するメモリ・セルの構造が簡単で小さく，記録密度が大きいので大容量メモリに向いています．しかし，情報を電荷の形で内部のコンデンサ(実際には FET のゲート容量)にチャージするので，時間とともにリークし，内容が消えてしまいます．このため定期的に記憶内容を保持する動作(リフレッシュ動作)が必要となります．

　このリフレッシュ動作を自動的に行うオート・リフレッシュ機能を内蔵した DRAM もあります．

　DRAM は SRAM に比べアクセス・スピードが遅いのですが，最近は高速ページ・モードに対応したものが多くなっています．

64M ビット DRAM(3.3 V 版)

16M ビット DRAM(左：3.3 V 版，右：5 V 版)

SDRAM(Synchronous DRAM)

　SDRAM(同期 DRAM)はパソコンで頻繁に使われるキャッシングでのバースト転送をクロックに同期して高速に行えるようにした DRAM です．

　100 MHz のクロックで 8 ワードという高速なバースト転送が行えますが，初回アクセス時の設定でオーバーヘッドが発生するという欠点もあります．

シンクロナス DRAM

EDO DRAM(Extended Data Output DRAM)

　EDO DRAM は，DRAM の高速ページ・モードをさらに高速にしたハイパー・ページ・モードを採用し，SRAM 並みの高速動作を実現した DRAM です．パソコンでは，Pentium ＋ Triton チップ・セットが EDO DRAM に対応しており，性能向上を果たしています．

EDO DRAM

ラムバス DRAM

RambusDRAM(ラムバス DRAM)

　プロセッサが性能を上げ，メモリが高密度になるにつれ，CPU とメモリ間の転送速度(バンド幅)はますます高いものが要求されています．

　ラムバス DRAM は，ラムバス・インターフェースとオンチップ・キャッシュをもつ DRAM で，CPU とのデータ転送速度は 600 M ビット/秒と飛躍的に拡大しており，高速のマルチメディア信号処理システムなどで採用されています．

VRAM(Video RAM)

パソコンの画像バッファ(フレーム・バッファ)に使われるメモリのことで，通常の DRAM をデュアル・ポート化して，処理速度を向上させています．

最近は，EDO DRAM や SDRAM を使い，高速化した VRAM も開発されています．

画像バッファ用デュアル・ポート DRAM

BiCMOS メモリ

超高速な用途では，バイポーラや BiCMOS(バイ・シーモス) プロセスを使ったメモリがあります．

ただし，消費電力が大きく，また高価になります．

BiCMOS メモリ(おもて)

BiCMOS メモリ(うら)

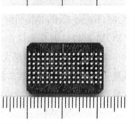

SIMM(Single Inline Memory Module)

パソコンのマザー・ボード上の専用ソケットに実装するメモリ・モジュールのことです．

30 ピン・タイプと 72 ピン・タイプがありますが，現在は 72 ピン・タイプがほとんどです．容量は，4 M バイト，8 M バイト，16 M バイト，32 M バイト，64 M バイトなどがあります(1 バイト＝8 ビット)．

また CPU とのデータ転送を行うときにエラー・チェックを行う，パリティ機能付きタイプもあります．パソコンでのパリティ機能使用設定は，BIOS で設定します．DRAM の SIMM の場合，アクセス・スピードは，60 ns, 70 ns が一般的で，価格はさほど違いません．

ライン・メモリ

TV 画像の水平ライン映像信号を記憶するための FIFO(First In First Out)メモリです．

Y/C 分離(輝度/色信号分離)などの映像信号処理に使われています．

ライン・メモリ

フィールド・メモリ/フレーム・メモリ

TV 画像のフィールド/フレーム(画面)映像信号を記憶するための FIFO(First In First Out)メモリで，3 次元映像信号処理(Y/C 分離やノイズ・リダクションなど)に使われています．

フィールド・メモリ/フレーム・メモリ

(17) プログラマブル・デバイス

畔津明仁

ディジタル回路では汎用ロジック IC にかわって，PLD，FPGA，カスタム IC などが使用される率が急速に増加しています．ここではこれらを「プログラマブル・ロジック IC」としてまとめ取り上げることにします．

プログラマブル・ロジック IC の普及により，従来なら数百種の汎用ロジック IC を在庫せねばならなかったものが数種類〜数十種類で済むこともあります．しかし一方，外形（パッケージ）は非常に多様で，ちょっと見ただけでは区別が難しいこともあります．

ROM (Read Only Memory)

ROM だけに限りませんが，プログラマブル・デバイスの形状を決める最大の要因は，「抜き差しの頻度」です．ROM 一族に限って言えば，ユーザから見た書き込みの形態はつぎのように分類できます．

(1) マスク ROM

(2) ワンタイム PROM (バイポーラまたは消去できない MOS)

(3) 紫外線消去 EPROM

(4) 電気的消去 EPROM (E²PROM)，フラッシュ型 EPROM (FPROM)，バックアップ (E²PROM，電池，または強誘電体による) 付き RAM，および強誘電体メモリ

このうち，(2)および(3)はソケットへの実装が本命であり，ソケットに差しやすい DIP が今日でも主流です．とくに(3)は紫外線を通す透明窓が必要なので，外観ですぐに区別がつきます．

一方(4)はオン・ボードでの使用が前提で，抜き差しの必要がありませんから，DIP のほか PLCC，SOP，QFP など，さまざまなものがあります．今

紫外線消去 EPROM (DIP-28)

日ではポータブル機器 (PHS など) の普及により，表面実装型のものが増えています．

(1)のマスク ROM は用途が両方に分かれます．すなわち，差し換えによって多品種に使おうとする場合はソケットへの抜き差しが主体，そうでない場合は実装の際に好都合なもの，という具合です．

EPROM 内蔵マイコン (リード付きチップ・キャリア)

強誘電体メモリ (DIP-8，SOP-24)

サンプル提供：ラムトロン㈱

DIP タイプの PLD
(左から 16V8, 22V10, 26V12)

PLD(Programmable Logic Device)/CPLD (Complex PLD)

　PLD や CPLD も急速に進歩し，非常に多機能か
つ高性能となっています．かつてはワンタイム(バ
イポーラのヒューズ型や MOS の不可消去型)が多
かったのですが，紫外線消去型を経て，現在では電
気的に消去・書き換えの可能なものが主流を占めて
います．

　しかしながら大部分の用途ではソケットへの抜き
差しを要求されるため，DIP か，せいぜい PLCC
のものが多いようです．ソケットのコストの問題で
しょうが S(シュリンク)DIP すら普及しません．

　なお，DIP では 28 ピンを越えると面積的に不利
となって PLCC や LCC になりますが，これらをソ
ケットから抜き差しするコツは，とにかく水平を保
つことです．対角をつかむ専用ツールが便利です．
やむをえずピンセットやドライバでこじる場合，く
れぐれも腕力(？)に頼らないことです．

　DIP や PGA にたいしては，いわゆる丸ピン・ソ
ケットが使えますが，それ以外のパッケージには接
触子の弾性を利用したリーフ型ソケットになります
(実装用の場合)．いちど塑性変形した接触子は，永
久に接触不良の原因となりますから，くれぐれもご
注意のほどを．

PLCC タイプの CPLD(MACH211S)

QFP タイプの CPLD(MACH466)

プログラマブル・デバイスの形状とソケット

　EPROM や PLD のオンボード書き込みが話題に
なったのは，昨日や今日の話ではありません．

　現在では電気的に書き換え可能なデバイスが増え
てきています．かなりの範囲でオンボード書き込み
ができるはずですが，実際には実装/テスト/デバッ
グの都合から「ソケットに抜き差し」という例が大

多数です．

　こうなると問題はソケットです．小型・安価・高信
頼性で，かつ抜き差しの容易なソケットが作れれば，
IC のパッケージがソケットに合わせて変化するの
は不可能ではありません．回路屋さんも，よいパッ
ケージや，よいソケットを要望していきましょう．

FPGA（Field Programmable Gate Array）

　本来，FPGA は PLD や CPLD と同一路線上の
ものですが，外形上の特徴はピン数が多い（40 ピン
以上）ことです．このためパッケージは LCC，
PLCC，PGA などになりますが，いぜんとして内
容変更を要求されることが多く，現状ではソケット
の抜き差しを考慮せざるをえません．

　もともと PLD/CPLD/FPGA の仲間は部品管理
上のメリット（少品種の在庫で間に合う）も大きく，
「変更があるから PGA，変更不要だから QFP」と
いう類の品種増はなかなか許してもらえないのです．

　今後は，電気的に消去・書き換えの可能な FPGA
をソケットなし（基板直付け）で使う傾向にあります．
こうなればパッケージも QFP など安価なものに移
っていくでしょう．自分自身で回路を変えていくハ
ードウェアが実用に近づいています．

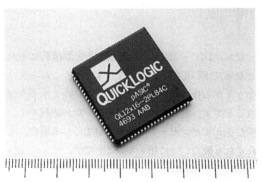

PLCC タイプの FPGA

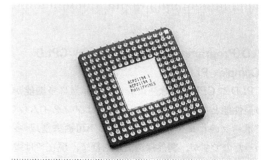

PGA タイプの FPGA

ASIC（Application Specific IC）

　ゲート・アレイやセルベースなどの狭義のカスタ
ム/セミ・カスタム IC がこれにあたります．かつて
は数百〜数千ゲートで 40 ピン以下というものもあ
りましたが，その市場は現在では PLD/CPLD/
FPGA がカバーします．ASIC の本領は内部が複雑
かつ多ピンであって，QFP，PGA，BGA，そして
ときには裸チップや TAD*も使われます．

　基板直付けもありソケット実装もありで外形は多
様ですし，外形から判別できない銅板入り（放熱の
ため）のものもあります．

　これからの多ピンのものでは BGA が流行しそう

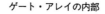
ゲート・アレイの内部

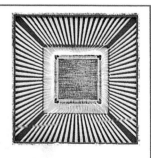

ですが，筆者ら現場の人間に言わせてもらえば，
QFP や PGA の心理的信頼性はいましばらくもち
そうな気がします．読者のみなさんはどう思われま
すか？

PGA タイプのゲート・アレイ

QFP タイプのゲート・アレイ

*：Tape Automated Bonding，COT（Chip On Tape）ともいう．
テープ状のフレキシブル基板にチップを載せたもの．

(18) CMOS 汎用ロジック IC

更科　一

　汎用ロジック IC には CMOS 系のものとバイポーラ系がありますが，最近は特に理由がなければ，低消費電力の CMOS 系がほとんどになってきています．

　CMOS 系ロジック IC でもっとも古くからあるのが 4000/4500 シリーズです．さらに TTL の 74 シリーズとコンパチブルの 74HC シリーズがありますが，現在ではこれらよりもスピードと負荷駆動能力をアップしたものが種々出てきています．また CPU やメモリの低電圧動作に合わせて 3.3 V で使用するものもあります．

4000/4500 シリーズ

　CMOS の汎用ロジック IC で一番古いのが，この 4000 番台シリーズです．

　古いものなので特性的にもほかに比べて劣っており，74 シリーズともピン互換性はありませんが，電源電圧範囲が 3〜18 V と非常に広く，これがほかにない特徴となっています．

CMOS4000 シリーズ

CMOS4500 シリーズ

余ったピンの処理方法

　汎用ロジック IC を使用する際，ゲートが余ってしまったり，必要以上の入力端子があっても使用しないことがあります．その場合，出力端子はオープンでもよいのですが，入力端子はオープンのままではいけません．オープンのままだと，CMOS では入力が不定になり，出力がばたついたり電流が流れて発熱したりします．

　具体的な処理方法としては，図 1 の(a)，(b)のように入力端子を V_{DD}/V_{CC}（"H" レベル）や $V_{SS}/$GND（"L" レベル）に接続しておく方法が基本ですが，図 1 の(c)のように余っているゲートが複数ある場合は直列接続しておいても構いません．

　なお，アナログ・スイッチの入出力端子やモノステーブル・マルチバイブレータの CR 端子などは特殊なので，データ・シートにしたがって処理する必要があります．

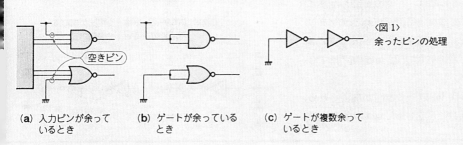

〈図 1〉
余ったピンの処理

（**a**）入力ピンが余っているとき　（**b**）ゲートが余っているとき　（**c**）ゲートが複数余っているとき

サンプル提供：ナショナル セミコンダクター ジャパン㈱，日本テキサス・インスツルメンツ㈱，㈱日立製作所．

74HC/HCT シリーズ

74HC/HCT シリーズ

TTL とピン互換性をもたせ，4000/4500 シリーズから高速化を図ったのが 74HC シリーズです．現在，広く使われています．またおもな 4000/4500 シリーズとピン互換性のある 74HC4000 シリーズもあります．74HC シリーズのスレッショルド電圧は，$1/2\ V_{DD}$ なので TTL とそのまま接続はできません．スレッショルド電圧を TTL レベルにして TTL とそのまま接続できるようにしたのが 74HCT シリーズです．

74AC/ACT シリーズ

74HC シリーズの高速化を図ったのがこの 74AC/ACT シリーズで，高速 TTL(74F/74ALS シリーズ)に匹敵するスピードをもっています．出力電流も 74HC シリーズよりも増やし，負荷駆動能力を大きくしています．

CMOS の特徴である低消費電力，高雑音余裕度，広動作電源電圧範囲をもちながら，高速 TTL に匹敵するスピードと負荷駆動力をもっています．

74AC/ACT シリーズ

74VHC/VHCT シリーズ

74HC シリーズの高速化を図ったのが，この 74VHC/VHCT シリーズです．74HC シリーズの約 2 倍のスピードを実現しています．

高速性という意味では 74AC/ACT シリーズに多少劣りますが，IC 内部の入力保護回路が一般的なタイプと異なるため，3 V/5 V 変換インターフェースに使えるという特徴があります．またノイズも 74AC/ACT よりも小さくなっています．

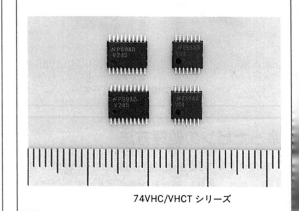

74VHC/VHCT シリーズ

ラッチアップ

CMOS の場合，一般的に入出力端子に外部から V_{DD} よりも高い電圧や V_{SS}(GND) よりも低い電圧が加えられたり，あるいはサージ電流が流れたりすると，V_{DD}-V_{SS} 間に異常な大電流が流れるラッチアップ現象が起こります．電源を切らない限りこの異常電流は流れ続け，最終的には IC が破壊されてしまいます．

V_{DD} 以上，あるいは V_{SS} 以下の電圧が加えられるとすぐにラッチアップに入るわけではありませんが，その可能性がある場合は，入出力端子に図 2 に示すようなダイオード保護回路や，抵抗を直列に入れておくほうがよいでしょう．

〈図 2〉GND〜V_{DD} を越える電圧が加わる可能性のあるピンの処理方法

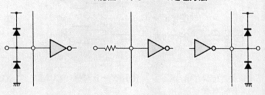

74LV シリーズ

最近は CPU やメモリの低電圧化に合わせて汎用ロジックも 3.3 V 動作が基本のものが出てきています.

パッケージは 5 V 用ロジックとは異なり, DIP タイプは用意されていません. その代わり TSSOP という SSOP と形状は同じで, 厚さを薄くしたタイプのものが用意されています.

74LV シリーズは, 74HC シリーズを低電圧動作可能なようにしたもので, 第 1 世代の低電圧汎用ロジック IC シリーズということができます.

74LV シリーズ

74LVX シリーズ

74LV シリーズが 74HC シリーズを低電圧化したものに対して, 74LVX シリーズは 74VHC シリーズを低電圧化したものです. このためスピードは 74LV シリーズの約 2 倍になっています.

V_{DD} に 3.3 V を使っていても, 入力には 5 V を加えることができ, 5 V から 3.3 V へのインターフェースが容易に行えます.

74LVX シリーズ

74LVC シリーズ

74LV/74LVX シリーズがこれまでの 5 V 動作シリーズを低電圧動作可能にしたものに対して, 74LVC/74LCX/74LVT シリーズは最初から 3.3 V 用として独自に開発されたものです.

74LVC シリーズは 74LV シリーズの性能を大幅に向上させており, スピードで 3〜4 倍, 出力電流では 4 倍になっています. 74LVT シリーズには性能の点でおよびませんが, CMOS という特徴を生かして低消費電力用途に適しています. なお日立製のものでは 74LVX シリーズ同様, V_{DD} に 3.3 V を使っていても入力には 5 V を接続することができます.

74LVC シリーズ

74LCX シリーズ

74LCX シリーズは, 74LVX シリーズの高速性と負荷駆動能力をさらに向上させたものです.

スピードは約 2 倍, 出力電流も 74LVX シリーズの 4 倍取り出すことができます.

入力, 出力ともに 5 V の信号が接続可能なので, 3.3 V/5 V 混在システムに最適です.

74LCX シリーズ

(19) バイポーラ汎用ロジックIC

更科 一

汎用ロジックICは，ディジタル回路における基本素子のようなものです．複雑な超LSIでも，内部は汎用ロジック回路の組み合わせになっています．LSIがあたりまえの時代となり，汎用ロジックの使用頻度は下がっています．それでもLSIだけでは実現できない，ちょっとした機能アップや，あるいはLSIを使うほどではない簡単なディジタル回路に使用されており，その重要性はまったく変わりません．

プロセスも，バイポーラ/Bi-CMOS/CMOSの3種類があり，各プロセスごとに種類も多くあります．パッケージ・タイプはDIP，SOP，SSOP，TSSOPの4種類だけで，ピン数も限られています．異なるシリーズでも同じパッケージ，同じピン配置のものが多いので，単純に置き換え検討ができるのが，これら汎用ロジックの大きな特徴でもあります．

ここでは，バイポーラ・プロセスで作られているTTLとBi-CMOSプロセスで作られている汎用ロジックICを取り上げていきます．

74シリーズ［TTL］

汎用ロジックICとして一番古くからあるのが，この74シリーズです．

現在ある74××シリーズは，すべてこのシリーズが発展したものです．番号が同じならば内部ブロックとピン配置は同じという特徴があります．現在ではほとんど使われることはありませんが，汎用ロジックの元祖として忘れることのできない存在です．

74シリーズ

74Sシリーズ［TTL］

74シリーズの高速化を図ったのが，この74Sシリーズです．ショットキ・トランジスタを使っており，その分消費電力が増加してしまっています．

現在ではこれよりも低消費電力で高速なものが出ていますので，今ではほとんど使われることはありません．

74Sシリーズ

74LSシリーズ［TTL］

高抵抗を使って低消費電力化を図っています．また，ショットキ・トランジスタを採用して速度低下を抑え，最終的に74シリーズと同等のスピードでありながら低消費電力を実現しているのがこの74LSシリーズです．

現在使われているTTLの中では，一番基本的な存在になっています．

74LSシリーズ

サンプル提供：日本テキサス・インスツルメンツ㈱，㈱日立製作所．

74AS シリーズ

74AS シリーズ［TTL］

74S シリーズをさらに高速化したのが，この 74AS シリーズです．

高速性という意味では 74F シリーズが登場し，また CMOS ロジックの進歩や Bi-CMOS ロジックの出現により，現在ではあまり使われてはいないようです．

74ALS シリーズ［TTL］

74LS シリーズの高速化と低消費電力化を図ったのが，この 74ALS シリーズです．まだ 74LS シリーズほど充実はしていませんが，これまで 74LS シリーズが使われていたところは，徐々に 74ALS シリーズに移行してきています．

ただし，CMOS ロジックの性能向上も著しく，CMOS に置き換え可能なところは CMOS になってしまっている部分もあります．

74ALS シリーズ

各種汎用ロジックの電源電圧範囲

シリーズによって使用できる電源電圧の範囲が決まっています．ただしメーカによって一部異なることがあるので，標準電圧である 5V で使用するとき以外は，そのメーカのデータ・シートを確認しておく必要があります．

下の表を見ると，TTL よりも CMOS のほうが電源電圧については自由度が高いと言えます．

シリーズ別の電源電圧範囲

プロセス	シリーズ	電源電圧[V]
TTL	74/74S/74LS/74F	4.75〜5.25
	74AS/74ALS	4.5〜5.5
CMOS (Bi-CMOS 含む)	4000 シリーズ	3.0〜18
	74HC/74AC(ACQ)	2.0〜6.0
	74HCT/74ACT(ACTQ)/74BC/74ABT	4.5〜5.5
	74VHC	2.0〜5.5
	74LV/74LVC/74LVT	2.7〜3.6
	74LVX/74LVQ/74LCX	2.0〜3.6

74F シリーズ［TTL］

現在，TTL プロセスでもっとも高速なのが，この 74F シリーズです．これまで高速性が必要で 74S シリーズが使われていたようなところは，この 74F シリーズに置き換わってきています．

スピードの面では CMOS ロジックでも 74F シリーズと同等のものがありますが，出力電流は 74F シリーズが最大で，これに匹敵するものはなく 74F シリーズの大きな特徴となっています．

最新の Bi-CMOS ロジックでは，出力電流は 74F シリーズと同等以上で，スピードも 74F シリーズを上回るものが出てきています．今後は微妙な立場になるかもしれません．

74F シリーズ

74BC シリーズ［Bi-CMOS］

74BC シリーズは Bi-CMOS プロセスを採用することにより，高速 TTL(74F/74AS シリーズ)の高速性・負荷駆動能力と CMOS の低消費電力を兼ね備えたものです．

このシリーズでは，74ABT シリーズとともに入力のスレッショルド電圧が TTL レベルなので，TTL で直接ドライブすることができます．

74BC シリーズ

74ABT シリーズ［Bi-CMOS］

74BC シリーズをさらに高速にし，負荷駆動能力をさらに向上させたのが，この 74ABT シリーズです．スピードの面では高速性を誇る 74F シリーズをも上回るものがあります．

また負荷駆動能力も，もっとも出力電流を取り出せる 74F/74AS シリーズと比べて，I_{OL} で同等，I_{OH} ではそれを上回る能力があります．現在，最高性能のロジック IC ということになります．

74ABT シリーズ

高速ロジックの配線

ロジック回路が高速動作をする場合は，配線にも十分気を付けないと，予期せぬ遅延やオーバーシュート，アンダーシュート，リンギングが起きて，動作が不安定になったり誤動作の原因になります．

このため配線のインダクタンス成分や容量成分をできるだけ少なくしてやる必要があります．

具体的には，

(1) V_{DD}(V_{CC})と V_{SS}(GND)は，できるだけ太い配線にする
(2) できるだけ，一つの IC につき 1 個のデカップリング・コンデンサ($0.01\,\mu$〜$0.1\,\mu$F)を挿入する
(3) 不必要に長い配線は行わない
(4) 2 本のラインが平行する距離をできるだけ短くする

などがあります．

74LVT シリーズ［Bi-CMOS］

ここまでは電源電圧 5 V でしか使用できないのに対して，最近は CPU やメモリの低電圧化に合わせて，汎用ロジックも CMOS ロジックを中心に 3.3 V 動作が基本のものが何種類か出てきています．

74LVT シリーズは，そのなかでも最新のもので，ほかの CMOS 低電圧ロジックに比べると，もっとも高性能です．スピードが速く，出力電流が大きいのが特徴となっています．

ただし Bi-CMOS であるがゆえに消費電流も大きく，低消費電力の必要性が高い用途には適していません．入出力に 5 V を加えることが可能です．

パッケージは 5 V 用ロジックとは異なり，DIP

74LVT シリーズ

タイプは用意されていません．その代わり SSOP と形状は同じで，厚さを薄くしたタイプの TSSOP が用意されています．

(20) AV 機器用 IC

更科　一

　AV(Audio Visual)機器は，ごく当たり前のように私達の家庭に入り込んでいます．
AV 機器は，一般的な家電製品に比べ，その機能はすべて IC によって実現されていると
いっても過言ではありません．
　ここでは，代表的な AV 機器を取り上げて，機器のキーとなる IC をみていきます．

TV 用 IC

　TV 受像機用の IC は大きく分けると，チューナ
用，選局用，映像音声 IF 用，ビデオ・クロマ偏向信
号処理用，垂直偏向出力用などがあります．

　TV 受像機の場合，必ずブラウン管を必要とする
ため，セットとしての大きさはブラウン管で制限さ
れます．このため IC パッケージはとくに小さくす
る必要もなく，パッケージは SDIP タイプ*1のもの
が多くなっています．またピン数も多く，60 ピン
以上のものもあります．

映像音声 IF 用 IC

ビデオ・クロマ偏向信号処理用 IC

1 チップ信号処理 IC

BS TV 用 IC

　BS TV 用 IC は，大きく分けると BS コンバータ
から入ってきた 1 GHz の信号を増幅・周波数変換す
る高周波用 IC と，そこから FM 復調およびビデオ
信号処理を行う映像信号処理 IC，QPSK 復調*2お
よび PCM デコードを行う音声信号処理用 IC に分
けられます．このほかにディジタル・オーディオ信
号をアナログ信号に変換する DAC IC もあります．

　高周波用 IC は，扱う周波数が非常に高いことか
ら，パッケージはチップ型や SOP 型となり，ピン
数もあまり多くありません．一方，音声信号処理用
IC になると周波数はそれほど高くないものの複雑

な処理を行っていることからピン数が多くなり，
SDIP，SOP，QFP タイプと，いろいろなタイプの
パッケージが使われています．

BS 受信用 IC

＊1：SDIP；Shrink DIP のことで，ピン・ピッチが 1.778 mm のもの．
＊2：QPSK(Quad differential Phase Shift Keying)；4 相差動位相のことで，同時に 2 ビットのデ
　　ータを直角位相情報で伝送する方式．伝送効率に優れるため，ディジタル通信分野では広く使われ
　　ている．

VTR 映像信号処理用 IC

VTR 用 IC

　VTR 用 IC には，記録再生用ヘッド・アンプ，色信号処理用，FM 信号処理用，輝度信号処理用，Y/C 分離用，音声信号処理用 IC などがあります．また，これらのいくつかを一つにまとめた IC もあります．VTR 用 IC は信号処理が複雑なため，アナログ IC のなかでは，もっとも高集積化されているといえます．

　パッケージはピン数の多いものが多く，とくに小型化の必要はあまりないので TV 用などと同じように SDIP が多くなっています．しかし，ヘッド・アンプ IC だけは，微小信号を扱うため SOP タイプが多くなっています．

液晶 TV 用 IC

　液晶 TV は，ブラウン管を必要としない分，通常の TV 用 IC と比べて偏向関係の機能は不要になりますが，液晶 TV 特有の機能として γ 補正機能などが必要になってきます．

　γ 補正機能とは，ブラウン管と液晶では，映像信号電圧と輝度との関係が異なるので，その違いを補正して正しい色が表示されるようにする機能です．

　また動作電源電圧も機器の小型化に対応して，低電圧で動作するものが多くなります．パッケージは小型化を実現するために，SOP および QFP タイプがほとんどです．

カー・ステレオ用 IC

　カー・ステレオの基本構成はチューナ＋テープ・デッキ＋パワー・アンプです．これを実現するのに必要な IC が，それぞれチューナ用 IC，テープ・デッキ用 IC，パワー・アンプ IC です．

　カー・ステレオの場合，その外形寸法が決まっているために，これら IC は高密度実装が可能なパッケージが望まれることが多く，QFP や SOP タイプが多く使われます[*3]．

　ピン数をみると，カー・ステレオのチューナ用 IC は多機能であるためピン数が多くなっています．これに対してテープ・デッキ用 IC は，プリアンプやドルビーなどすべての機能を一つにまとめた IC 以外はそれほどピン数は多くありません．

チューナ用 IC

テープ・デッキ用 IC

*3：コスト的には SOP タイプよりも DIP/SIP タイプのほうが安いので，高密度実装の必要がない場合はこちらが使われることが多い．

サンプル提供：三洋電機㈱，㈱日立製作所

ヘッドホン・ステレオ用 IC

　ヘッドホン・ステレオに使われる IC は，低い電源電圧で動作するというのが一番大きな特徴で，現在 1.2 V のニカド・バッテリで動作するヘッドホン・ステレオに使われている IC は，1 V 以下まで動作可能です．

　一方，パッケージは極力小さくなければいけないため，ピン・ピッチが 1 mm 以下[*4]の SOP あるいは QFP タイプが使われます．

ヘッドホン・ステレオ用 IC

高集積化アナログ IC

　アナログ IC でもっとも高集積化されているのは VTR 用 IC で，1 万素子以上のトランジスタや抵抗が入っています．ディジタル IC に比べるとたいしたことはないように感じるかもしれませんが，アナログ IC の場合，素子に要求される特性がディジタル IC とは比較にならないほど厳しいので，MOS FET は使えずバイポーラ・トランジスタを使うことになり，そうすると素子の微細化には限界があるため，このような数字になっています．

CD プレーヤ用アナログ信号処理 IC

CD プレーヤ用ディジタル信号処理 IC

CD プレーヤ用 IC

　CD プレーヤはディジタル機器ですが，ディスクの信号を拾うピックアップの信号を増幅処理するアナログ信号処理 IC と，ディジタル信号を処理するディジタル信号処理 IC，それにディジタル信号をアナログ信号に変換する DAC IC の三つに大きく分けられます．

　アナログ信号処理，ディジタル信号処理 IC ともに複雑な処理を行っているので，必然的にピン数も多くなります．

CD プレーヤ用 DAC

＊ 4：1/0.8/0.65/0.5 mm ピッチなどがあるが，当然ピッチの狭いほうが小さなパッケージとなり，高密度実装が可能になる．

(21) パワーIC/ドライバIC

更科 一

　パワーを扱うICとしては，モータやアクチュエータを駆動するIC，スピーカを鳴らすパワー・アンプなどがあります．ひとくちにパワーといっても，1W以下の小さなものから，100Wクラスのものまであります．当然，扱うパワーの大きさによりパッケージも大きく異なってきます．ここでは，これらパワーを扱うICを取り上げてみます．

　なお，電源用ICもパワーを扱うICではありますが，前号で取り上げたので，ここでは電源用ICは取り上げません．

オーディオ用パワー・アンプ

　小振幅の音声信号を増幅してスピーカを鳴らすのが，オーディオ用パワー・アンプです．現在発表されているICでは，モノリシックICで40W/ch程度，ハイブリッドICでは100W/chを越えるものまであります．またチャネル数は1ch(モノラル)，または2ch(ステレオ)がほとんどですが，最近は4ch内蔵したものもあります．

　パッケージは，大出力のものでは放熱器が必須です．形状的にもそれに適した形状になっています．一方，小出力のものでは放熱器をつけずに，放熱フィンあるいはパッケージ樹脂から直接熱が発散されるようになっており，形状は通常の小信号のものと変わらなくなってきます．

オーディオ用パワー・アンプIC(10W未満)

オーディオ用パワー・アンプIC(10W以上)

ドライバ・アレイ

　リレーやソレノイド，あるいはランプやプリンタ・ヘッドをドライブするにはディスクリート・トランジスタで間に合います．しかし，数が多くなると部品数が増えてしまう問題があります．

　このため複数のドライバ部分を一つのパッケージに収めたのが，ドライバ・アレイです．

　機能的にはドライバに加えて，入力電流を制限する抵抗やインダクタンス負荷を想定して出力クランプ・ダイオードが内蔵されていたり，イネーブル端子やラッチ機能が付いたものがあります．また汎用ロジックやマイコンとのインターフェースを考慮しているものもあります．

　パッケージはDIPやSOPタイプのものが多く，パワー・アンプなどのように大電力を扱えるものはありません．このため同時に流せる最大電流はパッケージの熱抵抗で制限され，ドライバ1回路で流せる最大電流を全回路同時に流せることはまずありません．熱設計をきちんと行い，同時に流せる電流をきちんと管理しておく必要があります．

各種ドライバ・アレイIC

サンプル提供：三洋電機㈱，日本電気㈱，㈱日立製作所，三菱電機㈱

ブリッジ・ドライバ

　ブリッジ・ドライバとは，出力部が下の図のようにブリッジ構成になっています．外部からのコントロールにより，正転（Tr₁とTr₄がON，Tr₂とTr₃がOFF）と，逆転（Tr₂とTr₃がON，Tr₁とTr₄がOFF）とを切り替えることができるICです．

　正転のときは，負荷に流れる電流は実線のように流れ，逆転のときは点線のように流れます．モータなどをつないでおけば，回転方向を切り替えることができます．用途としては，VTRやカセット・デッキなどのモータに使われることが多いようです．

　機能的には，ブレーキやストップのほか，保護回路やモータの逆起電力吸収用ダイオードを内蔵しているものがあります．また正転や逆転にしても単なるON/OFF動作ではなく，アンプのようにリニアに動作するものもあります．定格電圧としては10 V以下のものから50 V程度まで，また定格電流的には数百mAから2 A程度のものがほとんどです．

　パッケージは，小電力しか扱えないものから中電力程度のものまで，いろいろなものがあります．小電力用ではSOPタイプやSIP，DIPタイプなどがあり，中電力用では放熱フィンの付いたSIPやDIPタイプがあります．

各種ブリッジ・ドライバIC

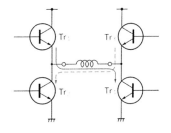

ブリッジ・ドライバの出力部

ブラシレス・モータ駆動用IC

　一般的に使われる小型モータとしてブラシレス・モータがあります．これをドライブするのがブラシレス・モータ駆動用ICです．

　ブラシレス・モータには巻き線が三つ巻いてある3相ブラシレス・モータと，二つ巻いてある2相ブラシレス・モータとありますが，ICもそれに対応して出力は三つ，または二つあります．

　3相および2相ブラシレス・モータに流れる電流の波形は下の図のようになっていますが，この電流を作り出すのがICの役目です．

　パッケージは比較的ピン数の多いものが増えています．通常，モータの回転の検出にホール素子を使い，その電圧をICに戻しているのですが，出力が3相だとホール素子の電圧を戻すピンだけで6ピン，出力で3ピン，それ以外にも必要なピンがあるため，どうしてもピン数は多くなりがちです．

ブラシレス・モータ駆動用IC

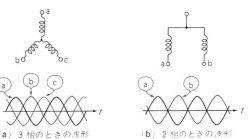

ブラシレス・モータの結線と電流波形

（a）3相のときの波形　　（b）2相のときの波形

ステッピング・モータ駆動用 IC

　ステッピング・モータとは，一般的な DC モータや AC モータのように連続した回転をするものではなく，パルスによって一定の角度だけ回転するものです．ステッピング・モータ用 IC は，この駆動パルスを出力します．

　一番身近な例はクォーツ時計の秒針ですが，そのほかにカメラの巻き上げ，コピー機やプリンタの紙送り，プロッタのペン・ドライブ，FDD のヘッド・アクチュエータのドライブなどがあります．

　パッケージは，比較的ピン数の多いものが増えてきています．これは各種設定やコントロールにピンが必要なためですが，出力が 1 相のものから 2 相，3 相，多いものでは 4 相のものまであるせいもあります．

ステッピング・モータ駆動用 IC ①

ステッピング・モータ駆動用 IC ②

非絶縁型パッケージの TAB 処理

　パワー・パッケージの場合，放熱フィンが付いているのが普通です．

　この放熱フィンですが，IC 内部ではサブストレートにつながっており，外部から見ると GND（最低電位）のピンに相当します．フィンに放熱器をつけた場合は，その放熱器をどこにもつながず，オープンで使うか GND に接続することになります．

　IC によっては微妙に特性が違ってくるものもありますので，どちらにするかは実験で確かめてみる必要があります．

IC の破壊

　電力を扱う IC は，破壊という課題とどうしても切り離すことができません．IC が破壊に至る要因としてあげられるのは，過電圧/過電流や損失オーバによるものが考えられます．

　具体的な注意としては，いかなる場合でも最大定格で定められた以上の電圧/電流は流さない，熱設計をきちんと行い，ジャンクション温度が定格温度をオーバしないようにする，といったところでしょう．またインダクタンス負荷の場合は，逆起電力にも注意する必要があります．

ガバナ用 IC

　小型の DC モータの速度制御を行うのがこの IC で，簡単な構成で実現できることから，カセット・テープ・レコーダなどのポータブル機器などではよく使われています．

　構成が簡単なのでパッケージのピン数も少ないものが多く，少ないものでは 5〜6 ピンの IC もあります．

ガバナ用 IC

(22) 電源用デバイス

電子回路はごく一部の例外を除いては必ず電源が必要です．バッテリで動作する機器ならば直流をそのまま使えますが，AC電源で動作する機器では交流を直流に変換したあと，それを安定化するのに多くの場合は電源用ICが使われます．

ここでは，電源用ICについて紹介しましょう．

3端子レギュレータ

電源用ICのなかで，もっとも広く使われているのが，この3端子レギュレータです．その名のとおり，トランジスタのように足が3本[1]しかありません．入力端子に非安定化電圧[2]を印加すると，出力端子に安定化された一定の電圧が出力されます．

国内外の多くのメーカから出ていますが，おもなものについてはピン配置などは共通になっており，また特性的にも比較的互換性がとれています．

出力電圧は5〜24Vまで各種の電圧が用意されています[3]．出力電流は100mA/500mA/1Aの3種類と，それ以上の電流のものがあり，パッケージは出力電流により異なります．

出力電流100mAタイプはTO-92，500mA以上ではTO-220というのが一般的ですが，これ以外のパッケージもあります．

それぞれ100mAタイプ，500mAタイプ，1Aタイプ，1Aを超えるタイプの3端子レギュレータの写真を示します．500mA以下では最近は面実装タイプも多くなっています．

なお3端子レギュレータは動作的には次に述べるシリーズ・レギュレータの一種ですが，電源用ICとして，これだけで大きなジャンルを構成しているので，一般的なシリーズ・レギュレータとは分けて紹介しました．

代表的な3端子レギュレータのピン配置

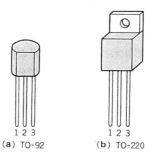

正出力か負出力かによってピン配置は異なる．正出力では78Lシリーズのみピン配置が異なるので注意すること．

(a) TO-92　　(b) TO-220

極性	種類	出力電流	ピン配置 1	2	3
正	78Lシリーズ	100mA	OUT	GND	IN
	78Mシリーズ	500mA	IN	GND	OUT
	78シリーズ	1A	IN	GND	OUT
負	79Lシリーズ	100mA	GND	IN	OUT
	79Mシリーズ	500mA	GND	IN	OUT
	79シリーズ	1A	GND	IN	OUT

出力電流100mAの3端子レギュレータ

サンプル提供：日本電気㈱

出力電流500mA，1Aの3端子レギュレータ

出力電流が1Aを越す3端子レギュレータ

＊1：入力，出力，コモン(GNDまたは電圧設定)の3端子．
＊2：整流回路を通ったあとの電圧のように，交流分が残っていたり(脈流)，負荷条件などによって変化してしまう電圧．

93

３端子レギュレータの使い方

　３端子レギュレータは端子の数が３本だけということもあり，使用方法も簡単です．

　基本的な使用方法は，右の図のように入力端子とコモン端子間，および出力端子とコモン端子間にコンデンサを接続し，入力端子に非安定化電圧を加えるだけです．ただし，このとき使用するコンデンサは高周波特性のよいタンタル・コンデンサやフィル

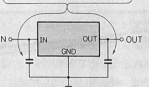

タンタル・コンデンサ，またはフィルム・コンデンサをICのピンの近くに接続すること

ム系のものを使用し，できるだけ IC の近くに配置する必要があります．

シリーズ・レギュレータ

　入力端子と出力端子の間にトランジスタなどの素子を挿入して，リニアに電圧を制御するタイプをシリーズ・レギュレータといいます．

　以前は，単に電圧を可変できるだけのものしかありませんでしたが，今では正負トラッキング電源*4やシャットダウン機能*5，電圧監視機能*6などが付いているものがあります．また IC 単体ではそれほど電流を取り出せなくても，外部にトランジスタを追加することで大電流を取り出せるものもあります．

　パッケージは，DIP，SO，SIP，TO-220 など，いろいろなものがあります．

各種シリーズ・レギュレータ

サンプル提供：日本モトローラ㈱

３端子レギュレータの名称

　３端子レギュレータは，その名称から出力電圧と出力電流がわかります．通常，下記のような名称が付けられています．

$$\underset{①}{XX}\ \underset{②}{XX}\ \underset{③}{X}\ \underset{④}{XX}$$

① メーカを表す．「μA」…TI またはフェアチャイルド，「LM」…ナショナル・セミコンダクター（NS），「TA」… 東芝，「μPC」… 日本電気，「NJM」…新日本無線，など．

② 出力電圧の極性を表す．
「78」…正（＋），「79」…負（－）

③ 出力電流を表す．
「L」… 0.1 A，「M」… 0.5 A，「」（なし）… 1 A，「T」… 3 A

④ 出力電圧を表す．
「05」… 5 V，「10」… 10 V（ただし，東芝の場合，3桁の数字で表し，5 V ならば「005」，10 V ならば「010」と表記している）

　例えば「LM79M15」は，NS 社の－15 V，0.5 A の３端子レギュレータであることがわかります．

　メーカによっては，必ずしもこの方法で名称を付けているとは限りません．まったく別の名称でも同じような３端子レギュレータであることもあります．

シャント・レギュレータについて

　シリーズ・レギュレータの場合，負荷に直列にアクティブ素子（トランジスタなど）が入って出力電圧を一定に制御しています．これに対して，シャント・レギュレータでは，負荷に並列にアクティブ素子が入って出力電圧を一定にします．ツェナ・ダイ

オードのようなものと考えてもいいでしょう．

　このためシャント・レギュレータでは，必ず負荷に直列に抵抗を入れて使う必要があり，シリーズ・レギュレータよりも消費電力が大きくなる欠点がありますが，シリーズ・レギュレータではできないようなアプリケーションが考えられます．

＊3：メーカによってラインナップは異なり，この範囲外の電圧のものもある．
＊4：正負の電圧が出力され，これを同時に変化させることができるもの．
＊5：制御端子に信号を加えることで，出力を OFF させること．

スイッチング・レギュレータ

シリーズ・レギュレータでは損失が大きく，大電流を取り出そうとすると発熱がかなりの量になりますが，スイッチング・レギュレータでは効率がよいため，少ない発熱ですみます．

ノイズが多い，という欠点はありますが，ノイズがあまり問題にならないディジタル機器などでは，ほとんどがスイッチング・レギュレータ方式になっている，といってもいいほどです．大電流を取り出す場合，IC だけでは限界があるので，通常パワー MOS FET と組み合わせて使います．

また種類によっては，シリーズ・レギュレータでは不可能な，入力電圧よりも高い出力電圧や逆極性

各種スイッチング・レギュレータ

の出力電圧を供給できる IC もあります．これらは，あまり大電流を取り出すことはできませんが，複数の電源電圧が必要なときなど回路を簡素化できます．

パッケージには，DIP，SO，TO-220，TO-3 などが使われています．

多機能型電源 IC

最近の IC の高集積化にともない，電源用 IC も単なる電圧の安定化だけではなく，機器内部における複雑な電源システムとしての機能を盛り込んでいるものもあります．例えば，異なる電圧の複数の出力がいろいろなモードで ON/OFF したり，タイミングによって ON/OFF 状態を制御したり，電源電圧が低下したのを検出してバッテリに切り替える，などいろいろな機能があります．このためパッケージのピン数も 20 ピンを越すものがあり，DIP，SO，SSOP タイプを採用しています．

各種多機能型電源 IC

サンプル提供：マキシム・ジャパン

ハイブリッド IC

ここまで述べてきたのはすべてモノリシック IC[7]でしたが，電源用 IC にはハイブリッド IC もあります．ハイブリッド IC とは，ディスクリート素子や部品としての CR をパッケージのなかで配線して IC 化したものです．

高電圧，大電流，高周波など，モノリシック IC では実現しにくい特性が得られます．ただし欠点もあります．モノリシック IC のように，一つのチップで回路が構成されているわけではないのでどうしても形状が大きく，コスト的にも不利になります．

各種ハイブリッド IC

サンプル提供：三洋電機㈱

低飽和電圧シリーズ・レギュレータ

通常，シリーズ・レギュレータでは，必ず入出力のパスの間にトランジスタのコレクタ-エミッタ間があります．右の図(a)のようにエミッタ側を出力すると入出力間に V_{BE} 以上の電圧が必要です．電流を流した状態では現実には 2～3 V 以上の電圧が必要です．これに対して図(b)に示すようにコレクタを出力側にすると，入出力間の最小電圧は $V_{CE(sat)}$ なので 1 V 以下まで可能です．コレクタを出力側にし

回路構成による入出力電位差の違い

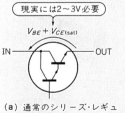

（a）通常のシリーズ・レギュレータ

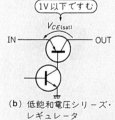

（b）低飽和電圧シリーズ・レギュレータ

て最小入出力の電圧を低く抑えたものが，低飽和電圧タイプのシリーズ・レギュレータです．

＊6：電圧をモニタしていて，ある電圧以下(以上)になると信号を出力する機能のこと．
＊7：一つのチップ上に回路を作り込んで IC としているもので，低コストで大量生産に向いている．

OP アンプは，もっとも代表的なアナログ IC です．OP アンプがあれば，増幅・演算・発振をはじめ，ほとんどすべてのアナログ動作を行うことができます．

トランジスタなどのディスクリート素子に比べ，動作を理解しやすいこともあり，アナログ回路と言えばまず OP アンプ，というくらいに一般的なものになっています．このため種類も非常に多く，代表的な品種についてはセカンド・ソースも多くのメーカから出ています．

DIP タイプ

① DIP-8

OP アンプのパッケージで一番多いのが，この DIP-8[注(1)]パッケージです．パッケージはプラスチック樹脂でできており，コストが安いことから大量生産に向いています．IC のピン・ピッチ[注(2)]は 2.54 mm で，一つのパッケージのなかに OP アンプ回路が 2 組入ったデュアル OP アンプと，1 組入ったシングル OP アンプとがあります．

ピン配置は異なる品種であってもほとんどの場合は共通ですから覚えておくと便利です．デュアル OP アンプ，シングル OP アンプは図のようになっています．シングル OP アンプで規定されていないピンは，たいていの場合オフセット調整の *VR* や位相補償用のコンデンサを接続する端子になっています．

② DIP-14

DIP-8 と同じピン・ピッチでピン数を増やしたのが，この DIP-14 です．

DIP-8 では OP アンプ回路が 2 組入ったデュアル OP アンプまでですが，DIP-14 になると 4 回路入ったクワッド OP アンプが多くなります．アクティ

DIP-8 タイプの OP アンプのピン配置

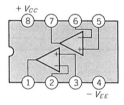

（a）デュアル OP アンプ

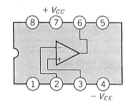

（b）シングル OP アンプ

DIP-14 タイプの OP アンプのピン配置

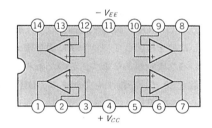

ブ・フィルタのように OP アンプをたくさん使う回路にクワッド OP アンプを使うと，少ないパッケージで回路を実現することができます．

クワッド OP アンプのピン配置は，一般には上図のようになっています．

DIP-8 タイプの OP アンプ

DIP-14 タイプの OP アンプ

(1) DIP：Dual Inline Package の略で，IC のリードが 2 列に並んでいることからこのような名前が付いている．
(2) ピン・ピッチ：同一ライン上の IC のピンとピンの間隔．

OP アンプのピン配置

OP アンプには非常に多くの種類がありますが，多くの場合，そのピン配置には共通性があります．本文中で各パッケージのピン配置を図に示しています

ので，覚えておくと毎回ピン配置を調べる手間を省くことができます．

ただし，ものによっては特殊なピン配置になっている場合もあるので，初めて使うものについては必ずデータ・シートなどで調べてみる必要があります．

SOP-8, 14

ヘッドホン・ステレオやビデオ・カメラのような高密度実装が要求される分野に使われるのが，この SOP[注(4)]です．

DIP と同じピン数で，基板の占有面積を小さくすることができ，さらに高さも DIP に比べてかなり低くなっています．ピン・ピッチは 1.27 mm，ピン配置は DIP-8，DIP-14 と同じになっています．

SOP-8, SOP-14 タイプの OP アンプ

SIP-9

一般的なものではありませんが，DIP に対して SIP[注(3)]があります．作っているメーカも限られていますが，SIP ではパッケージの高さが DIP に比べて高くなる一方，占有面積では DIP よりも小さくなるので，基板を小さくしたいときなどに使われます．ピン・ピッチは DIP と同じく，2.54 mm です．

ここでは新日本無線の OP アンプのピン配置図を示します．

SIP-9 タイプの OP アンプ

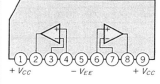

SIP-9 タイプの
OP アンプのピン配置

2電源 OP アンプと単電源 OP アンプ

電源の与え方により，OP アンプには 2 電源 OP アンプと単電源 OP アンプの 2 種類があります．

これらの違いは，入力電圧の範囲が低電位側電源の電位（V_{EE}，V_{SS}または GND）まで可能かどうかということです．

2 電源 OP アンプでは，低電位側電源の電位までの入力電圧は許されませんが，単電源 OP アンプでは許されています（右の図参照）．

したがって単電源 OP アンプを 2 電源で使う分にはまったく問題ありませんし，逆に 2 電源 OP アンプでも入力電圧が GND レベルまで下がらなければ単電源で使うことができます．

2 電源 OP アンプと単電源 OP アンプの
入力電圧の違い

高電位側電位（$+V_{CC}$）

2電源
OPアンプ

単電源
OPアンプ

低電位側電位（$-V_{EE}$または GND）

(3) SIP：Single Inline Package の略で，IC のリードが 1 列に並んでいることからこのような名前が付いている．

97

セラミック・パッケージ

　形状的には先述の DIP タイプと同じですが，パッケージ材料はプラスチック樹脂の代わりにセラミックを使っています．このため価格的には高くなりますが，信頼性の点ではプラスチック樹脂のものよりもはるかに優れています．

　一般民生用機器ではこれほど信頼性を要求されることはありませんが，産業用機器では必要に応じてこちらを使うこともあります．国内メーカで作っているところはほとんどなく，海外メーカが主流です．

セラミック・パッケージ・タイプの OP アンプ

入力段による特性の違い

　OP アンプの入力段には，バイポーラ・トランジスタを使ったものと FET を使ったものとあり，さらに FET を使ったものには J-FET と MOS-FET を使ったものがあります．一般的な性質として，表に示すような特徴をもっているので，用途に応じて使い分ける必要があります．

　ただし，これはあくまで一般的な特性ということで，なかには必ずしもこれと合っていないような特性をもった OP アンプもあるので，実際にはデータ・シートを確認する必要があります．

入力段の違いによる OP アンプの特性

	バイポーラ・トップ	FET トップ
入力オフセット電圧	小	大
入力バイアス電流	大	小
入力バイアス電流-温度係数	小	大
入力オフセット電流	大	小
電流性ノイズ	大	小
電圧性ノイズ	小	大

イマジナリ・ショートと仮想接地

　OP アンプは開ループ利得が非常に高いので，帰還をかけてリニアに使っている分にはあたかも IN＋端子と IN－端子の間には電位差がないように動作しています．電位差がなくてショートしているように動作しているので，これをイマジナリ・ショートといいます〔図(a)〕．

　イマジナリ・ショートの一つとして，反転増幅器として使う場合は IN＋端子を接地して使いますが，このため IN－端子も接地されているように見えるので，これを仮想接地と言います〔図(b)〕．

イマジナリ・ショートと仮想接地

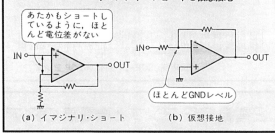

あたかもショートしているように，ほとんど電位差がない

ほとんどGNDレベル

（a）イマジナリ・ショート　　　（b）仮想接地

CAN パッケージ

　金属ケースの中に IC チップがあり，リードが下に出ているもので，ケースが金属であることから熱に強いという特徴があります．

　OP アンプが出始めた頃はこのパッケージがほとんどでしたが，基板へのアセンブリがやりにくいことや，IC の製造コストが高くつくことから，最近ではあまり見かけません．セラミック・パッケージ同様，海外メーカが主流です．一般的なピン配置は，右の図のようになっており，DIP-8 のシングル OP アンプと同じピン配置になっています．

▶
CAN パッケージ・タイプの
OP アンプ

CAN タイプのピン配置

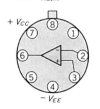

$+V_{CC}$

$-V_{EE}$

(4) SOP：Small Outline Package の略．

(24) 整流用ダイオード

柳川誠介

　ダイオードは，半導体の中ではもっともシンプルな構造をしていますが，種類の多さでは一番かもしれません．

　基本的な機能は整流ですが，半導体の特性を生かしてさまざまな用途があり，それぞれの用途に向いた製品が開発されています．

　最初は整流用ダイオードで比較的小電流のものをとりあげます．基板上，あるいは小さなケースに収まる程度の電源装置に使います．

ダイオードの型名と極性表示

　ダイオードの型名は，日本電子機械工業会（EIAJ）では，まず頭に1Sがつき，そのあとに以下に示す用途別の記号を付け，そのあとに番号をつけるように定められています

　たとえば，1SR149 は 100 V 3 A の整流用ダイオードです．しかし，現状はこれですべてが分類できるものではなく，各メーカ独自に型名をつけたものが大半を占めています．

　極性はダイオード記号が印刷されている場合ははっきりとわかりますが，一般の小型のものは下の図のように線でカソード側を示す場合がほとんどです．

記号を表示	カソード側を表示
カソード ─ アノード	カソード ─ アノード
電流	電流

用途別の記号

記号	用途
E	エサキ・ダイオード
G	ガン・ダイオード
S	小信号用ダイオード
T	アバランシェ・ダイオード
V	可変容量ダイオード
R	整流用ダイオード
Z	定電圧ダイオード

整流用ダイオード（1 A 用）

　整流用のダイオードではこの外形がもっとも種類が多いでしょう．一目で1A用と思ってかまいません．1A用といっても，それは平均値で，瞬間的にはもっと流せます．

　パワーON時に，まだ空の状態にある平滑用コンデンサへ流れ込む場合などを考慮し，多くの整流用ダイオードでは瞬間的には平均電流の30倍程度に耐えられるようになっています．

　この電流値クラスのダイオードはリレー回路の逆起電圧のカットにもよく使われます．ここには写っていませんが，表面実装用のチップ・ダイオードもあります．

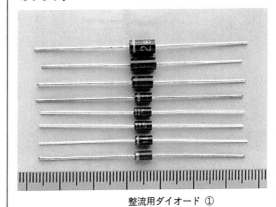

整流用ダイオード ①

整流用ダイオード（3 A 用）

　3 A 程度のダイオードでは，パッケージに耐熱性のある，セラミックを使うことが多くなります（ガラス封止と呼んでいるメーカもある）．

　型名の識別はカラー・コードで行うのが大半です．しかし，抵抗のように統一されたコード体系ではありませんから，データ・シートを参照する必要があります．

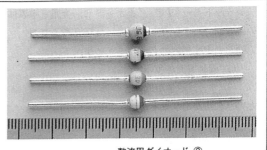

整流用ダイオード ②

整流用ダイオード（3 A/6 A）

プラスチック・パッケージではもっとも電流値の大きいのがこれらで，6 A 流せるものもあります。

電流の定格値の多くは基板に取り付けた場合の値です。

発生した熱が端子から基板を経て放出されることを前提にしています。端子に放熱板を刀のつばのように付けることで，より電流が流せることが示されている品種もあります。

整流用ダイオード ③

整流用ダイオード（10 A 用）

10 A クラス以上となると金属パッケージのものが多くなります。撚線のリードが出ているものもあります。定格は指定された面積の放熱板にねじ留めした状態で決められているのがほとんどです。ねじ留めは絶縁ワッシャを介して行う場合も，じかに取り付ける場合もあります。

じかに取り付ける場合，ねじを切ってある極が逆のほうが都合がよいこともあります。外見が同じでも極性が逆の使用のものがあるのはそのためで，注意が必要です。

整流用ダイオード ④

高耐圧用整流ダイオード

ダイオードの定格のなかで，逆電圧（瞬間的には尖頭逆電圧）は，とても重要です。この値を越えた電圧をかけると，ダイオードが導通してしまい，その先のパーツまで破壊されることがあるからです。

整流回路では，どんな瞬間でも尖頭逆電圧を越えることがないように設計しなければなりません。

写真のダイオードは，コンピュータ回路ではまず使いませんが，数 kV の耐圧をもったダイオードの例です。

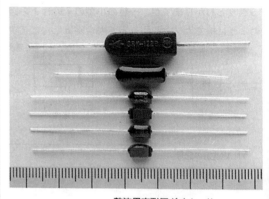

整流用高耐圧ダイオード

ショットキ・バリア・ダイオードの用途

ショットキ・バリア・ダイオードは，金属と半導体の接合面で起こる現象を利用した整流素子です。

通常の PN 接合のダイオードと比べて，

(1) 漏れ電流が多い
(2) サージ耐量が低い

という欠点がありますが，

(3) 逆回復時間が短い
(4) 順方向の電圧降下が低い

という長所があります。

スイッチング・レギュレータなどの高周波整流用に使うと効率のアップ，ノイズの低減に役立ちます。またバックアップ電池などの逆流防止用にも利用できます。

順方向の電圧降下が小さいという特徴は省エネにもつながります。低電圧の機器が増えてきた今日，より広く使われていくでしょう。

ダイオード・アレイ

実装のしやすさの点では写真のようにパワー・トランジスタによく使われるパッケージ（TO-220型およびその変形）のものが便利です．

ここにあげたものはダイオードが2個入っていて，端子が3本出ていますが，ダイオード1個入り2端子のものもあります．

一般に，ダイオードが複数入っているものをダイオード・アレイと呼びます．これらも極性の決めかたは一律でないので注意が必要です．

ダイオード・アレイ ①（コモン・カソード）

ダイオード・アレイ ②（コモン・アノード）

ダイオード・ブリッジ

全波整流用に4個のダイオードをまとめたものをダイオード・ブリッジと呼びます．

交流電源の整流という本来の目的のほかに，交流信号のON/OFFや正負が不定の信号の制御に使われます．

電流値に応じてさまざまな形態のものがありますが，1A以下のものは基板取り付け用のものがほとんどです．高電圧を扱う場合，基板のパターン間の距離に注意する必要があります．

シングル・インライン型で場所をとらない

基板に取り付けた際，高さが低いのが利点

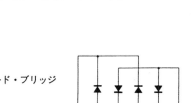

ダイオード・ブリッジ

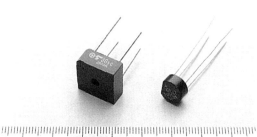

放熱器なしで基板に付ける整流器としてはこのクラス（2A）が最大級

電流値が大きく（右：25A），放熱を考慮してケースに取り付ける

(25) 小信号用ダイオード

柳川誠介

　前項の整流用ダイオードに続き，小信号用ダイオードを紹介します．小信号では，ダイオードは整流以外の用途に使われることがほとんどです．それらは半導体のP-N結合の性質をたくみに生かしたものです．

　用途別にダイオードが分類されていても，性質はオーバラップしていますので気をつけましょう．スイッチング・ダイオードと呼ばれていても，可変容量ダイオードの性質，ツェナ・ダイオードの性質をどれもがもっています．回路に適した品種を決めるには形状も含め，たくさんの選択肢があります．

スイッチング・ダイオード

　今日広く使われている，TTL(Transistor-Transistor Logic)ICの前身にDTL(Diode-Transistor Logic)回路と呼ばれていたものがありました．ダイオードは論理素子としても重要であるばかりか，振幅制限や逆電圧の吸収などに広範に使われています．

　整流用以外の小信号ダイオードをスイッチング・ダイオードと慣用的に呼んでいます．パッケージには，ガラス・タイプとチップ・タイプがあります．

　シリコン・ショットキ・タイプは順方向電圧が低く高速なので，高速アナログ回路にも向いています．

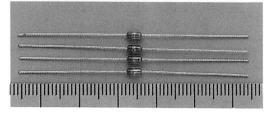

上から 1S1585／1586／1587／1588

　スイッチング・ダイオードはたくさんの種類が出ていますが，試作段階では大抵のことは1S1588があれば間に合ってしまいます．

　実装を考えると，チップ・タイプが便利で電流値の大小はもとより，2個入り，3個入りと，たくさんの種類の同等製品があります．型名や極性は見ただけでは判断がつかないものが多いようです．

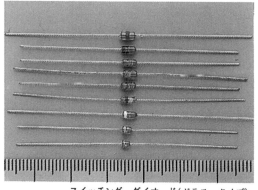

スイッチング・ダイオード（ガラス・タイプ）

スイッチング・ダイオード（チップ・タイプ）

ゲルマニウム・ダイオード

　ゲルマニウム・ダイオードの登場は「鉱石ラジオ」という名を死語にしました．このダイオードの出現から電子回路の半導体全盛時代が幕を開けます．やがて半導体の主流はゲルマニウムからシリコンに移行しますが，ゲルマニウム・ダイオードは，順方向電圧が低い特徴があるので，検波回路で今も使われることがあります．

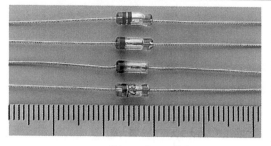

ゲルマニウム・ダイオード

ツェナ・ダイオード

ダイオードは逆電圧を高くしていくと，急に電流が流れるようになります．これをブレーク・ダウン現象といいます．

この現象が起こる電圧を生産時に管理し，定電圧回路に使いやすくしたのがツェナ・ダイオードです．定電圧ダイオードともいいます．回路図では，写真で示しているように三角にZマークを付けて区別します．

ブレーク・ダウン電圧は温度に依存しますが，その傾きは順方向電圧と反対です．これを利用したのが温度補償型定電圧ダイオードです．

定電圧ダイオードに直列に温度補償用のダイオードを接続したものを同一チップに生成し，温度特性をよくしたものです．

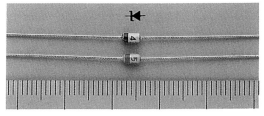

温度補償型ツェナ・ダイオード(1SZ50/53)

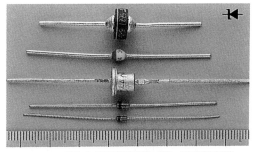

下から RD5.1EB(500mW)，RD6.2F(1W)，
1S240(1W)，AU01-24(2.5W)，5Z27(5W)

ダイオードの発電に注意

半導体のP-N結合の性質で忘れてはいけないのが光による発電作用です．太陽電池はこれを使っているわけですが，一般のダイオードも同類です(テスタで確認できる)．電子回路中でむやみに発電されては困ります．透明なパッケージのダイオードを使用するときは，ケースに光が当たっても精度や安定性に影響しないか，実装上の注意が必要です．

可変容量ダイオード

可変容量ダイオード(商品名バリキャップ)は定電圧ダイオードと同様，ダイオードに本来備わっている性質を生かしたものです．

P-N結合において逆電圧を高くしていくと，電子とホールが電極のほうへ寄ってきます．見かけ上電極間の距離が広がったようになり，電極間の容量が下がることを使っています．

通信機器の同調回路などに使われています．

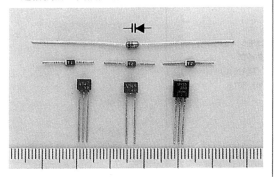

可変容量ダイオード(バリキャップ)

順方向電圧降下

ダイオードの特性が理想的ならば，順方向の抵抗値は0Ω，逆方向の抵抗値は無限大となりますが，実際は図のような V_F-I_F 曲線をもちます．また，同じ電流値でも順方向電圧降下は温度に依存します($-2\,\mathrm{mV/C°}$)．ダイオードを使った回路，とりわけアナログ回路の設計において，これらの要素を念頭に置いて進めなければいけません．

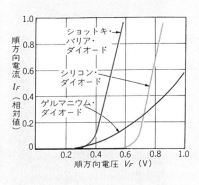

順方向電圧降下

バリスタ

　バリスタは順方向電圧が生産時に管理されたダイオードです．パワー・アンプの終段などで，トランジスタのバイアス電流の安定化に使います．

　ダイオードの順方向電圧の温度特性がベース-エミッタ間電圧の温度特性を補償するのに向いているからです．

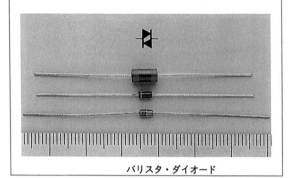

バリスタ・ダイオード

定電流ダイオード

　一般に，アナログ回路でよく使う定電流回路はJ-FETと抵抗で構成しますが，定電流ダイオードなら1本でできます．

　定電流ダイオードは，FETの定電流特性を使ったものです．順方向電圧の広い範囲にわたり，電流が一定になります．構造的にはほかのダイオードとは区別すべきです．

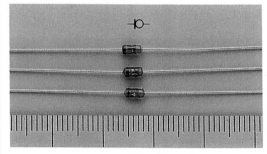

定電流ダイオード

逆回復時間

　ダイオードに順方向に電流を流しておき，ただちに逆向きにしても，一瞬逆向きに電流が流れてしまいます．この電流がピーク時の50％とか10％とな

るまでの時間を逆回復時間と定義しています．整流用ダイオードで，この時間が短くなるようにしたものをファスト・リカバリ・ダイオードと呼び，電源に由来するノイズにうるさい電源などに適しています．

ダイオード・アレイ

　ディジタル信号は，とくにインターフェース回路の入出力などで，波形が乱れがちです．電源やグラウンドを越えた振れ（オーバ・シュート／アンダ・シュート）を吸収するのにダイオードが有効です．

　データ・バスには8個入りのダイオード・アレイ（アノード・コモンとカソード・コモンがある）が便利です．ただし，発熱の問題から，一つの素子に流せる電流は25 mA程度です．

独立型のダイオード・アレイ
（DAN403）

コモン・アノード・
タイプ
（DAP401/601/803）

コモン・カソード・
タイプ
（DAN401/
601/801）

(26) 小信号用トランジスタ

柳川誠介

今日の半導体技術は1948年のトランジスタの発明が花を咲かせたものです．もう「トランジスタ技術」は古い，「LSI 技術」だと軽々しくいってはいけません．身の回りはトランジスタを使った機器でいっぱいです．何百万というトランジスタが使われている最新 CPU チップがある一方で，個別のトランジスタも活躍中です．

ここでは，コンピュータのインターフェース回路などに使われる小信号のトランジスタをとりあげます．

レトロ・タイプ

初期のトランジスタはゲルマニウムを使っており，多くは金属製のパッケージに入っていました（まだ秋葉原で売っていた）．形状は現在の黒のカマボコ形が主流になるまで，いろいろなものがありました．

2SC458 など，途中で形状が変わったものもあります．2SC184 はマイクロディスク型と呼ばれ，今日の表面実装タイプのはしりでしょうか．

つばの付いた UFO 型のものは，パッケージの表面仕上げといい，型名の印刷といい，今では考えられぬ高水準のものだったと思います．

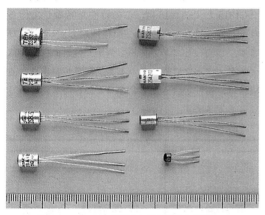

初期のトランジスタ各種

同じ型番でも世代でパッケージングに違いがみえる

表面実装のはしりとなるマイクロディスク型

UFO 型パッケージ

型名のつけかた

トランジスタには PNP 型と，NPN 型があります．EIAJ（日本電子機器工業会）では型名で区別できるように，次のように定めています．

2SA×××────── PNP 型の高周波用
2SB×××────── PNP 型の低周波用
2SC×××────── NPN 型の高周波用
2SD×××────── NPN 型の低周波用

2SJ，3SK，などが頭に付いたものは FET で，それらは機会を改めて説明します．

型名の表示は 2S を省くことが普通で，パーツ店で買うときも「C1815 ください」で通じます．

高周波用，低周波用の区別には基準がありません．特性さえ確かめれば区分にこだわらず使ってかまいません．

小信号/中信号

　最大電流が数百mAまでは黒のカマボコ形が大半です．それ以上は取り付けとともに何らかの放熱がなされるように考慮されています．金属部分（フランジ）がコレクタになっているものが多かったのですが，最近では全体がモールドされたものが主流になってきました．金属パッケージのものは，実装上の手間から使われなくなってきています．

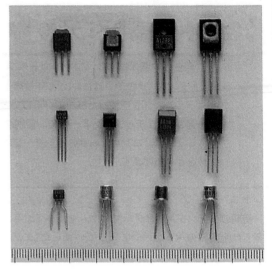

大電流用ではパッケージに放熱対策が考慮されている

金属パッケージのトランジスタ

ダーリントン・トランジスタ

　2個のトランジスタを下の図のように接続したもので，大きな電流増幅率が得られます．電流増幅率は二つのトランジスタの積になります．リレー回路や電源関係など，やや大きめの電流を扱うときに便利です．通常のトランジスタとは，外見や型名では区別できません．資料で確かめましょう．

ダーリントン・トランジスタの内部構造

コンプリメンタリ

　PNP型とNPN型との動作の違いはホールと電子を置き換えたものといえ，電源の極性が逆でも鏡に写したように同様な動作をさせることができます．2SC1815と2SA1015は，この特性を考慮して作られた石で，コンプリメンタリ（相補対称）ペアと呼びます．どの石とコンプリメンタリ・ペアになるかはデータ・ブックに載っています．精度が要求される場合は，特性が合ったものをペアにしたものを買うこともできます．

バイアス抵抗入り

　トランジスタを使用するとき，ほとんどの場合は，下の図のように入力とベース間およびベースとエミッタ間に抵抗を付けます．それらをトランジスタと一体にしてしまったのがバイアス抵抗入りトランジスタです．一般に，2SC×××というような型名ではなく，各社の独自の型名が付けられています．

バイアス抵抗入りトランジスタの構造

抵抗入りトランジスタ各種

トランジスタ・アレイ

　複数のトランジスタをまとめたものです．DIP型の2004タイプ（500 mA，7個入り）や2064タイプ（1.5 A，4個入り）はプリンタなどのメカ駆動用によく使われます．ダーリントン・タイプが多く，内蔵抵抗の値もCMOS向け，TTL向けと選択できます．フラット・タイプの2064の中央部分のピンが幅広くなっているのは放熱のためです．

DIP型の2004タイプと2064タイプ

SIP型のトランジスタ・アレイ

トランジスタ・アレイ各種

フラット型のトランジスタ・アレイ

ペア・トランジスタ

　差動増幅回路などで，2個のトランジスタの動作のバランスを重視するときは，電流増幅率を実測してそろったものを使います（ペアとしても購入可）．さらに，トランジスタの特性は，かなり温度の影響を受けるので，下の図のように熱的結合を採り，両者の温度を等しくします．同一チップの中に2個のトランジスタを設ければ，バランスはさらによくなります．2SA1237はその例です．優秀なOPアンプICが出回ってきた今日では使われなくなってきましたが，あると便利な石です．

この間を接着剤でつける

2SA1237

チップ・ミニモールド

　1個入り，2個入りがあり，ピン配置は用途に応じてさまざまです．

　表面実装用の部品を使うと小型にできることのほか，高周波特性がよくなります．ビデオ回路など，OPアンプだけでは済ませられない部分では，重責を担っています．

チップ・ミニモールド型トランジスタ

(27) パワー・トランジスタ 柳川誠介

　ここでは，電源回路やオーディオ装置の最終段に使う，比較的大電力のトランジスタを紹介します．

　ディジタル回路でのトランジスタの動作は，ほとんどが ON と OFF の 2 状態ですが，アナログ回路ではその中間の状態で使われます．したがって，大きな電流を扱おうとすれば，相応の発熱がともない，その対策が重要です．放熱の手段にも触れてみました．

キャン・タイプ

　パワー・トランジスタの伝統的な形です．外形には規格があり，もっともポピュラなのは TO-3 と呼ばれているものです．

　2 本のピンはベースとエミッタで，ケースがコレクタになります．

　必ず放熱器に付けて使いますが，ケースと放熱器間が導通しないように絶縁用のシートと絶縁ワッシャが欠かせません．

キャン・タイプの
トランジスタ

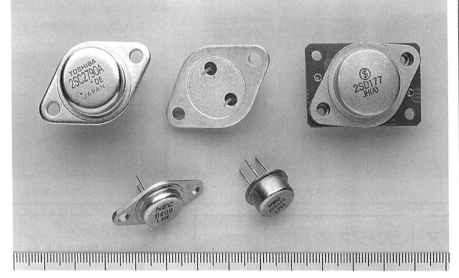

TO-3 型トランジスタの取り付け

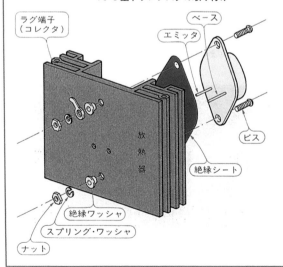

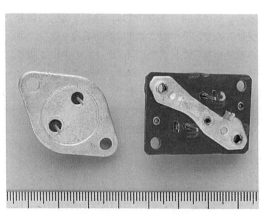

キャン・タイプの専用ソケット

モールド・タイプ

　伝統的な形は TO-220(EIAJ では SC-46)型と呼ばれています．取り付けはフランジと呼ばれる部分を放熱器にねじ止めします．フランジはコレクタに接続されているので，キャン・タイプと同様，放熱器との絶縁に配慮する必要があります．

TO-220 パッケージ

モールド・タイプの例①

モールド・タイプの例②

ダンパ付きトランジスタ

　コレクタとエミッタ間にダイオードが入っているトランジスタです．ダーリントン・タイプに見られます．モータ負荷などの用途によってはこのダイオードが生きてきます．

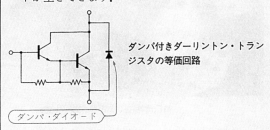

ダンパ付きダーリントン・トランジスタの等価回路

コレクタ損失

　トランジスタが消費する電力をいい，イコール発熱量です．放熱器が大きければコレクタ損失の許容値も大きくなります．予想されるコレクタ損失に対し，どの程度の放熱器をつければよいかは，トランジスタのケース温度の上限と周囲温度より熱抵抗を計算して求めることができます．

　シリコン自体は接合部の温度が 150 ℃になっても動作しますが，ケースの材質やリード線の接合部の変質を考えると，信頼性のためには温度上昇をなるべく抑えることが望まれます．

モールド・タイプの新しい流れ

　最近発売されるパワー・トランジスタは，取り付けのめんどうなキャン・タイプはすたれ，かなり大きなものでもモールド型に移行しつつあります．

　この背景には熱伝導のよい樹脂の開発が進んだことなどがあります．比較的小型のものでは，トランジスタを丸ごと樹脂でくるんであり，取り付けの際の絶縁処理が不要です．

絶縁処理が不要なモールド・タイプの例

高周波用パワー・トランジスタ

　周波数が高い場合，コレクタに放熱器が接すると，トランジスタと放熱器の間に生じる容量が問題となります．高周波用パワー・トランジスタの放熱は，取り付けねじやフランジを経て，エミッタ側から行います．コレクタやベース端子が羽のようになっており，放熱を兼ねています．

高周波用パワー・トランジスタの例

互換品の選択

　トランジスタはこれまで国内メーカのものだけでも1万品種ほどが生産されました．なかにはすぐ廃品種になってしまうもの，パーツ店では入手不能なものも少なくありません．目的のものが手に入らない場合，代替品を求めることになりますが，ポイントを押さえておけば選択にあまり神経を使う必要はありません．

　ディジタル回路のようにトランジスタをON/OFFさせるだけであれば，電流増幅率が4，5倍違っても動作してくれます．スピードもインターフェース回路のたぐいでは，最近のトランジスタはいずれも十分な能力をもっています．耐圧と電流値を押さえておけばたいていのものは使えると思ってよいでしょう．

　アナログ回路の場合でも，もっとも重要な特性はノイズか，周波数特性かを絞っていけばラフに考えてよい部分が出てきます．それを少々妥協してトランジスタを選択しても，回路のパフォーマンスは当初の目標に当たらずとも遠からずの範囲に入るでしょう．また，回路設計自体にそれを織り込んだものにしておきたいものです．

熱伝導をよくするための小物

　放熱器に取り付ける際に絶縁シートをはさみますが，これは単に絶縁のためではなく，熱伝導をよくする目的ももっています．

　弾力性があるので，ねじで締め付けると隙間の凹凸に食い込んで熱の伝達がよく行われるのです．TO-3型など標準の形状用のもののほか，任意の形に切って使えるものもあります．そのほか，シリコーン・オイルを含ませたり，熱伝導をよくした両面テープを使うこともあります．

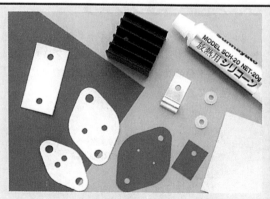

熱伝導をよくするための小物類

(28) FET／パワー MOS FET

柳川誠介

　FET とは，電界効果トランジスタ(Field Effect Transister)の略称です．フェットと呼ぶ人もいますが，呼び方の主流はエフ・イー・ティーです．T はトランジスタの T なのに，たんにトランジスタといえば，「ET ではなく PNP や NPN の，いわゆるバイポーラ・トランジスタを指します．

　FET は近年性能の向上が著しいデバイスの一つです．増幅器としては低雑音でひずみが少なく，高周波特性もよいので，オーディオから衛星放送まで多くの分野で活躍しています．比較的大きな電力を扱う，いわゆるパワー・デバイスでは，高速にスイッチングできることから，パワー MOS FET がバイポーラ・パワー・トランジスタを駆逐しそうな勢いです．

接合型 FET（小信号用）

　直流やオーディオ領域の増幅には接合型 FET がよく使われます．温度に敏感なので，差動増幅器の入力段などには特性のそろったペアを使い，熱的に結合させたりして使います．2 素子を内蔵したものもあります．同等な特性をもった P チャネルと N チャネルの FET を組にした，コンプリメンタリ・ペアも入手可能です．

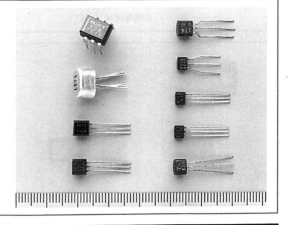

接合型の小信号用 FET

型名の付け方

　FET の型名は，日本電子機械工業会(EIAJ)では次のようにきめられています．まず先頭に(有効電極数−1)を表す，"2" または "3" がおかれ，次に半導体の S，そして J または K でチャネルを表し，番号が続きます．

〈例〉　2SJ83　　P チャネル FET
　　　 2SK30A　N チャネル FET
　　　 3SK45　　N チャネル FET

　この型名の付け方を見る限り，2SA，2SB，2SC，2SD とあったトランジスタにくらべ種類が少ないような印象を受けますが，そうではありません．FET は大きく分類すると，接合型と MOS 型に分けられ，それぞれ図に示すように書き分けています．

　接合型 FET は，記号を見ただけではどちらがソースかドレインかわかりません．この書き方は構造を反映したもので，実際，構造が対称なものはソースとドレインを逆にしても動作します．

　今日では GaAs，SIT，HEMT など，いろいろな構造の FET が開発されています．現行の型名や記号のままでよいことはなく，今後はメーカ独自の型名や記号が増えていくのではないかと思います．

Pチャネル接合型

Nチャネル接合型

Pチャネル MOS 型

Nチャネル MOS 型

Pチャネル・
デュアル・ゲート
MOS 型

Nチャネル・
デュアル・ゲート
MOS 型

小信号用 MOS FET

高周波の増幅/ミキシングによく使われます. 非常に高い入力抵抗をもっていることを生かし, 微少電流の計測にも使われます. この場合は基板の表面に流れる電流が問題になります. 下の図のようにパターンでガードするなどの対策をとります.

静電気に弱いので, CMOS IC と同様, 導電パッドに差したり, アルミ箔でくるんで保存します.

小信号用 MOS FET

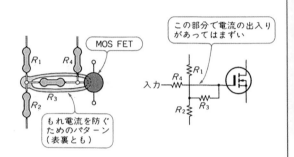

パワー MOS FET ①

パワー MOS FET ②

パワー MOS FET

バイポーラ・トランジスタは, 温度が上昇すると電流が流れやすくなります. その結果, ますます熱くなるという傾向があり, 熱暴走による自己破壊を招くことがあります. その点, FET は温度の上昇が電流を抑える方向に働く特性をもつので, あるていど丈夫です. 並列使用も容易です.

最近の MOS 型は ON 抵抗が数 mΩ 程度まで下がり, 応答速度が速いことから, スイッチング電源などにさかんに使われています.

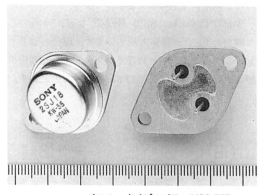

キャン・タイプのパワー MOS FET

静電気対策としてクリップで止める

MOS FET アレイ(左:DIP 型，右:SOP 型)

MOS FET アレイ

　複数の MOS FET をパッケージに収めたもので，小型モータやリレーなどの制御に使います．SIP 型のものは 2A まで流せる FET が 4 個入っています．いずれも PN 両チャネルのものがそろっています．

MOS FET アレイ(SIP 型)

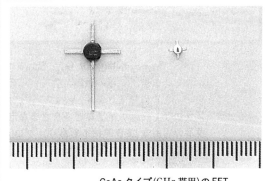

GaAs タイプ(GHz 帯用)の FET

チップ FET

　表面実装タイプの FET で，装置が小型になることのほか，高周波特性がよくなるという利点があります．上の写真は GaAs タイプのもので，GHz 帯用のものです．

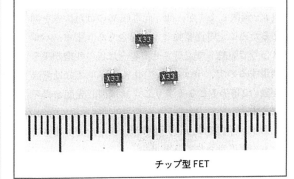

チップ型 FET

デプレッション型とエンハンスメント型

　FET にはデプレッション型とエンハンスメント型があります．またその中間的特性をもつデプレッション＋エンハンスメント型もあります．

　デプレッション型はゲート-ソース間電圧 V_{GS} を 0 にしたときに I_D が流れますが，エンハンスメント型は $V_{GS}=0$ では $I_D=0$ です．接合型と GaAs 型はデプレッション，MOS 型はエンハンスメント，とおぼえておけば大抵大丈夫です．

デプレッション型と
エンハンスメント型

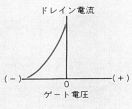

(a) デプレッション型

(b) デプレッション
　＋
　エンハンスメント型

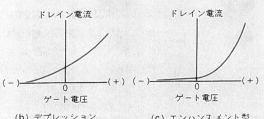

(c) エンハンスメント型

(29) 光表示デバイス

編集部

LED（Light Emitting Diode；発光ダイオード）は，電子機器のあらゆる用途に使用されています．機器の通電や各種状態の表示には汎用タイプや2色発光タイプ，数値表示のためには7セグメントLEDが使われます．形状は丸形/角形，表面実装タイプ，ブラケット内蔵タイプなどさまざまな形状のものが供給されています．グラフィック表示の可能なLEDアレイもあり，プロセスの進歩でRGBカラーに近い表示ができるようになってきています．

一般LED

可視光LEDは発光材料の違いによって発光色が変わり，赤色・橙色・黄色・緑色・青色などが供給されています．

光度は順方向に流す電流にほぼ比例して増加しますが，カタログの定格を守る必要があります．直流で点灯する場合は，一般に電流制限抵抗で順方向電流 I_F を制限しますが，順方向電圧 V_F のばらつきを抑えるために定電流駆動とする場合もあります．パルス信号で駆動して点灯させる場合は目の残像効果を利用するので，デューティ50％のパルスでは直流駆動の2倍の I_F となるようにすれば同じ光度が得られます．

形状は写真のように，砲弾形，角形などさまざまなものが用意されています．

LEDの発光色は材料の違いによるものです．LEDは元素の周期律表のⅢ族とⅤ族の化合物の結晶からなっています．その組み合わせによってできる結晶から発光波長が異なっています．下の表に発光材料と発光色を示します．

LEDの発光材料と発光色(野口宗昭；可視光LEDランプの使い方，トランジスタ技術1995年6月号，p222より)

発光色	発光材料	ピーク発光波長(標準) λ_P(nm)
赤	GaP/GaP	700
	GaAlAs/GaAs	660
	InGaAlP/GaAs	644
	GaAsP/GaP	635
	InGaAlP/GaAs	623
橙	InGaAlP/GaAs	620
	InGaAlP/GaAs	612
	GaAsP/GaP	610
黄	InGaAlP/GaP	590
	GaAsP/GaP	587
	GaP/GaP	570
黄緑	InGaAlP/GaAs	574
	GaP/GaP	565
純緑	InGaAlP/GaAs	562
	GaP/GaP	555
青	SiC/SiC	470
	GaN/サファイア	450

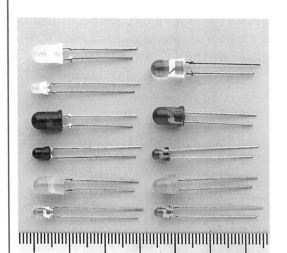
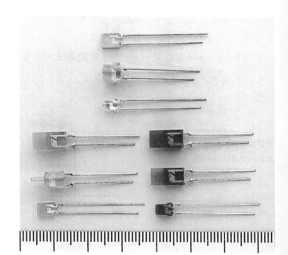

サンプル提供：(株)東芝

7セグメントLED

LEDの発光部分を7個のセグメントとして数字の形に並べ，それぞれのセグメントの点灯を制御することによって数字表示を行うものが7セグメントLEDです．

発光色は赤色・黄色・緑色などが用意されており，大きさも各種あります．点灯方法は一般LEDと同様ですが，カウンタなどで多桁の表示を行う場合はダイナミック駆動が一般的です．BCDやバイナリ・コードから数字を表示させるための7セグメント・デコーダICも各種供給されています．

写真に示すように1文字表示，2文字表示，フィルタ付きなどがあります．

レーザ・ダイオード

レーザ(LASER)とは Light Amplification by Stimulated Emission of Radiation の頭文字からできた造語です．レーザ光は指向性に優れ，波長が単一で集光性が高く，位相も均一という特徴をもち，民生分野から産業分野でさまざまに応用されています．

レーザ・ダイオードは波長635〜690 nmの赤色レーザ光を発光するものの他に，750 nm〜840 nmの近赤外〜赤外のものがあります．ガス・レーザなどでは高電圧が必要となり，発光装置も大掛かりなものになりますが，レーザ・ダイオードでは電池などでの駆動が可能です．ただし，温度変化などで出力が変動するので，パッケージに内蔵されているフォト・ダイオードからのモニタ電流によって駆動電流を制御する必要があります．また，レーザ光は円形に広がって放射されるので，レーザ・ビームを得るためには発光面にレンズを取り付けます．

もっとも身近に利用されている用途は光ピックアップでしょうか．右に光ピックアップのあらましを示します．

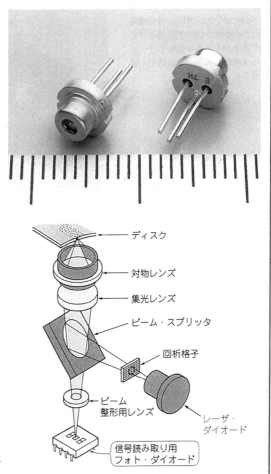

光ピックアップの構成

ドット・マトリクス・モジュール

　赤色と緑色の2色発光LEDをドット・マトリクス状に並べ，駆動用のドライバ回路とドライバ制御回路を内蔵した汎用のLEDディスプレイ・モジュールです．赤と緑を同時に発光させるとアンバー色となり，3色による文字やグラフィックの表示が可能になります．表示データは赤と緑で各8ビットの階調制御を行います．複数のモジュールを並べてパネルを作り，適当な制御信号をマイコンやパソコンから入力することで，さまざまな文字やグラフィックのカラー表示が行えます．

　写真は32×32ドットのモジュールです．

ドット・マトリクス・モジュールの構成
（32×32個のLED表示部に対して各色256階調の制御を行うデータ回路とスキャン回路から構成されている）

モジュールの回路部分
（ここではLEDランプをプリント基板に実装した表示部と駆動回路とが一体化されている）

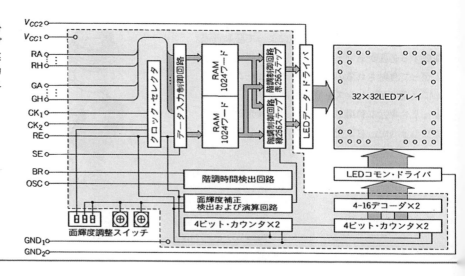

（30）赤外線センサ

松井邦彦

　赤外線センサには，①入射した光エネルギで励起された電子によって生じる導電率の変化や起電力を利用する量子型（フォト・ダイオードや光導電素子など），②黒体放射にもとづく赤外線エネルギの吸収による温度変化を利用する熱型（焦電型赤外線センサやサーモ・パイルなど）があります．量子型は感度や応答性は良いのですが波長依存性があり，場合によってはセンサを冷やすこともあります．熱型は量子型とは反対に波長依存性はありませんが，感度が低く応答速度が遅いといった欠点があります．

　現在のところ理想的なセンサはありませんので，その長所が生かせる分野で，それぞれ応用されています．

赤外線フォト・ダイオード

　もっとも汎用的に使用されているのが，赤外線フォト・ダイオードです．赤外線リモコンなどに使用されている汎用型をはじめ，一般計測用，高速用などさまざまです．1 μm 以上の波長領域では，感度が高い，InGaAs, Ge, InAs, InSb などの半導体が使用されます．常温動作タイプ，冷却タイプなどがあり，冷却タイプのものは高い S/N で測定できます．

　また，マルチチャネル分光測光用のフォト・ダイオード・アレイなどもあります．画素数は 128 あるいは 256 です．

(1) InGaAs リニア・イメージ・センサ

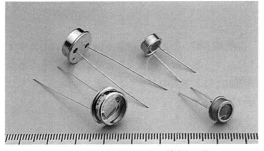

(1) Si フォト・ダイオード

(1) Ge フォト・ダイオード

温度による赤外線波長の違い

　人が認識できる光を可視光と呼んでいます．光の波長で表すと，だいたい 380〜750 nm 程度です．光の色は波長が短い側から，紫→青→緑→黄→黄赤→赤色となって，赤色より長い波長をもつ光を赤外線と呼んでいます．赤外線は人の目に見えません．また，温度によって赤外線の波長も異なります．

温度による赤外線波長の違い

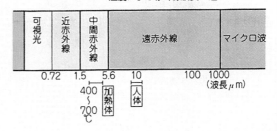

資材提供(1)：浜松ホトニクス㈱　問い合わせ先　☎(053)434-3311

焦電型赤外線センサ

焦電型赤外線センサは温度変化によって電荷を生じる，いわゆる焦電効果を利用したセンサです．したがって，温度変化がないと信号が生じないので微分型温度センサと呼ばれています．

最近では焦電材料($LiTaO_3$，PZT，$PbTiO_3$など)やセンサ構造の改良のほか，光学系フィルタやフレネル・レンズ，マルチミラーなどの周辺部品のおかげで，より S/N の高い検出ができるようになりました．

(2) 焦電型赤外線センサ(IP シリーズ)

(3) 焦電型赤外線センサ(IRA-E シリーズ)

焦電型赤外線センサの動作

右の図のように焦電型赤外線センサは，あらかじめ高電界をかけて分極させておきます．この処理によってセンサ表面の＋と－の電荷(これを自発分極という)は空気中の浮遊イオンと結び付き，下の図の①の状態になっています．なお電気的に中和されているので信号はゼロになります．

赤外線が入射して温度がΔT だけ上昇すると図②にしめすように，温度変化の大きさだけセンサ表面の分極の大きさが変化します．このため，センサには，信号をVとして，

$$V＝\Delta V \ [\mathrm{V}]$$

が生じます．ところが，時間が経過すると空気中のイオンは結び付く相手がいなくなって，また図③のように中和の状態になります．

焦電型赤外線センサの内部回路

温度が下がったときは自発分極は図④にしめすように，さっきとは反対の向きに現れます．もちろん，時間がたつと空気中のイオンと結び付いて，信号はゼロになります．

焦電型赤外線センサの出力

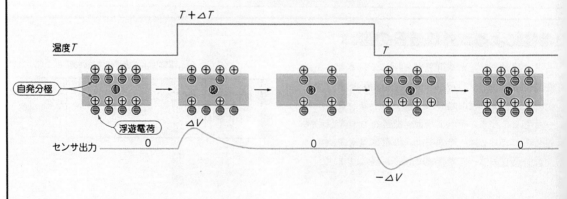

資材提供(2)：㈱堀場製作所　問い合わせ先　☎(075) 313-8121
資材提供(3)：㈱村田製作所　問い合わせ先　☎(044) 422-5151

焦電センサ（人体検知）モジュール

　自然界のすべての物体は，その温度に比例した熱エネルギを放出しています．この熱エネルギのピーク波長は高温ほど短波長になります．

　人体から放出される熱エネルギは，36〜37℃の体温の人で9〜10μmにピークがある赤外線なので，焦電型赤外線センサを使用することによって人体の有無を検出することができます．

　人体検知への応用では太陽光や照明などの影響を避けるため光学系フィルタを付けたり，人の動きがゆっくりなので効率よく集光できるフレネル・レンズなどが必要ですが，これらの部品がモジュールに内蔵されている場合もあります．

(3)フレネル・レンズ
(IMD-FL01W)

(3)焦電型赤外線センサ・モジュール
(IMD-B101-01)

サーモ・パイル

　焦電型赤外線センサは微分型温度センサのため，止まっている物体の温度検出には不向きです（チョッパと呼ばれる赤外線をON/OFFする部品を付ければ可能）．

　サーモ・パイルは，物体からの放射エネルギを受けて，受光部周辺に形成した熱電対で受光部の温度変化を検出します．

　熱電対なので止まっている物体の温度検出ができますが，熱起電力は熱電対と同じように温度差に比例するので基準接点温度補償が必要です．センサに内蔵している場合が多くなっています．

　非接触で温度測定ができるのが，このセンサの最大のメリットです．

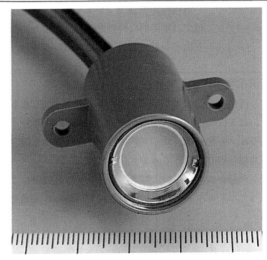
(4)THI-10のセンサ部

(4) 黒体スプレイと黒体テープ

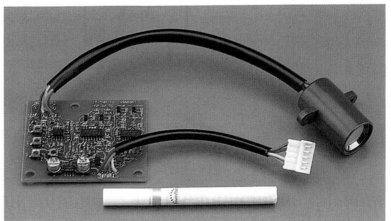
(4) 非接触型温度センサ・モジュール(THI-10)

資材提供(4)：タスコジャパン㈱　問い合わせ先　☎(06)584-0809

(31) 超音波センサ

松井邦彦

超音波とは，人間が聞くことを目的としない音のことで，通常は約20kHz以上の周波数です．人間の耳には聞こえませんが，音ですから空気中を速度 v で伝搬します．この伝搬速度 v は，

$$v=331.5+0.6T \ [\text{m/s}] \quad\cdots\cdots\cdots\cdots\cdots\cdots\cdots\cdots\cdots\cdots\cdots\cdots\cdots\cdots\cdots\cdots(1)$$

で計算できます．なお，T は周囲温度 [℃] です．

超音波の伝搬速度 v は，上の式から常温では約345 m/s です．電磁波の 3×10^8 m/s に比べるとかなり小さく，そのぶん波長が短くなって距離分解能が高くなります．一般に超音波センサは近距離向きです．

超音波センサは，この超音波を空中あるいは水中に放射する，あるいは放射された超音波を検出するセンサです．超音波センサには，チタン酸バリウム，チタン酸鉛，チタン酸ジルコン酸鉛などの圧電セラミックスが使用されますが，最近では高分子膜を圧電素子に使用したものも市販されています．

汎用型超音波センサの使用周波数範囲はおよそ 100 kHz 以下です．これ以上の周波数では実用的な特性が得られないため，特殊な材料を圧電セラミックスに接着して空気とのインピーダンス・マッチングをはかっています．

汎用型超音波センサ

汎用型超音波センサは，2枚の圧電振動子(あるいは1枚の圧電素子と金属板)を貼り合わせたバイモルフ振動子を，コーン形共振子に取り付けた複合共振子構造になっています．

外部から超音波が入射するとコーン形共振子によってバイモルフ振動子が励振されて，たわみ振動を行い電圧を発生します．逆にバイモルフ振動子に電圧を加えると，振動子がたわみ振動を行い，共振子から効率良く空中に超音波を放射します．

汎用型超音波センサは，周波数範囲が 20 k～数十 kHz(通常 40 kHz)で，送信用と受信用に分かれているのが一般的です．

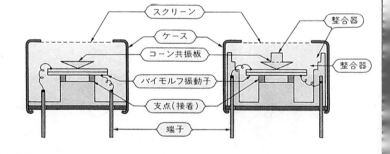

超音波センサの構造例

(1) 汎用型超音波送波器(MA40S4S)

(1) 汎用型超音波受波器(MA40S4R)

広帯域型超音波センサ

　超音波センサには共振特性があるので，周波数選択性（−6 dB 帯域幅で数 kHz 程度）があります．そのため送信用と受信用とを分けて使います．

　広帯域型では動作帯域内に二つの共振特性をセンサにもたせて帯域幅を広げ，送受信を 1 個のセンサで兼用できるようにしています．

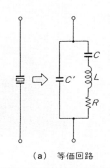

(1) 広帯域型超音波センサ（MA40B7）

防滴型超音波センサ

　汎用型超音波センサはケースが密閉されていないので屋外での使用は困難です．これに対して防滴型超音波センサではケースを密閉構造にして，屋外での使用ができるようにしています．

　自動車のバック・ソナー（後方障害検知器）用超音波センサではこの防滴型が使用されています．

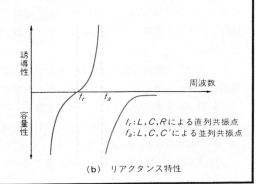

(1) 防滴型超音波センサ（MA40E9-1）

超音波センサの共振周波数

　超音波センサは水晶振動子のように共振周波数をもっています．

　インピーダンスが最小になる周波数を直列共振周波数 f_r，最大インピーダンスになる周波数を並列（反）共振周波数 f_a と呼んでいます．

　送信用の超音波センサは f_r で最大感度をもつため，送信用超音波センサの表示周波数は f_r を表します．

　逆に受信用では f_a で最大感度となるため，受信用超音波センサの表示周波数は f_a を表します．

　水晶振動子のように Q が 10000 もあれば，

$$f_r = f_a$$

と考えて差し支えありませんが，超音波センサでは Q がそれほど大きくないため，f_r と f_a では数 kHz 程度ずれてしまいます．

　そのため受信用センサを送信用に使用してしまうと，最大感度周波数から数 kHz ずれたところで使用することになり，センサによっては信号レベルが得られない場合も考えられます．

　カタログに送信用と受信用が別個に記載されているときは混同して使わないようにしてください．

超音波センサの等価回路とリアクタンス特性

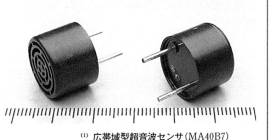 

（a）等価回路　　　（b）リアクタンス特性

f_r：L,C,R による直列共振点
f_a：L,C,C' による並列共振点

サンプル提供(1)：㈱村田製作所　問い合わせ先☎(044)422-5151
サンプル提供(2)：石川島検査計測㈱　問い合わせ先☎(03)3778-7925

水中用超音波センサ

水中に超音波を放射して，その反射波を測定するためのセンサです．魚群探知器や測探器などで使用可能なように水密性や機械的強度も高く，許容電力も数十 W〜1 kW とかなり大きくなっています．

なお，このセンサは水中での使用を前提に作られているので，空中での使用はできません．

(1) 水中用超音波センサ(UT200××)

高温・低温用超音波センサ

一般の超音波センサの動作温度範囲は−35〜＋85℃程度ですが，これは圧電素子とケースの接着に接着剤を使用しているためです．このセンサは接着剤の代わりにろう付けを採用し，−196〜＋550℃の温度範囲で使用可能です．

共振周波数は標準タイプで 3.5 MHz です．

(2) 高温・低温用超音波センサ

ガラス破壊センサ

超音波センサを応用した製品として，ガラス破壊センサがあります．窓ガラスが破壊されたときに発生する特有の超音波を検知して，ガラスが破壊されたことを知らせる超音波集音式のセンサです．

信号処理回路が内蔵されているので，取り扱いが簡単です．

(3) ガラス破壊センサ(GS1100)

高分子膜タイプの超音波センサ

いままでの超音波センサは圧電セラミックスで作られていましたが，最近では高分子膜を圧電素子に使用した高分子膜タイプの超音波センサが市販されています．

センサから効率良く超音波を放射するためには対象物の音響インピーダンスにセンサをマッチングさせる必要がありますが，このセンサの音響インピーダンスは圧電セラミックスに比べると，水や生体に近いので超音波診断用に適しています．

共振周波数は 1 M〜100 MHz と高くなっています．

(4) 高分子膜タイプの超音波センサ(PT シリーズ)

サンプル提供(3)：竹中エンジニアリング㈱　問い合わせ先☎(075)594-7211
サンプル提供(4)：東レテクノ㈱　問い合わせ先☎(0467)32-9981

（32）磁気センサ

松井邦彦

磁気センサはその名のとおり，磁気(磁界)を検出するセンサのことです．

現在，入手できる磁気センサとして，ホール効果を応用したホール素子，ホール素子とアンプ回路を内蔵したホールIC，磁気抵抗効果を応用した磁気抵抗素子，角形特性の *B-H* カーブをもつコアを磁気飽和させたときに発生する高調波を利用したフラックス・ゲート型磁気センサなどがあります．

フラックス・ゲート型磁気センサは，非常に高い磁気感度をもっているので，地磁気検出などに利用されています．

GaAs ホール素子

GaAs(ガリウム砒素)を材料にしたホール素子です．定電流動作時に感度の温度係数(約-0.06 % max)が小さく，磁界の強さに対する直線性がよく，高周波特性も良好です．

欠点は出力電圧(ホール電圧と呼ぶ)がInSb ホール素子に比べると小さいことですが，最近では高感度タイプが市販されています．

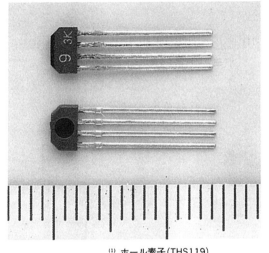

(1) ホール素子(THS119)

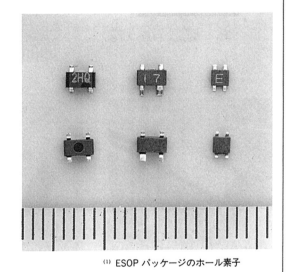

(1) ESOP パッケージのホール素子

ホールIC

ホール素子とアンプ回路をIC化したセンサで，電源を接続するだけで動作する，たいへん便利なICです．装置の小型化にも役立ちます．

出力の違いで，アナログ・タイプとディジタル・タイプがあります．アナログ・タイプは磁界の強さに比例した出力電圧が得られ，ディジタル・タイプではON/OFF信号が得られます．

1チップ型のホールICはSi(シリコン)半導体で作られたモノリシックICで，2チップ・タイプはホール素子がInSbで，アンプ回路はSiで作られたハイブリッドICになっています．

ホールIC(DN6845S)

資材提供(1)：㈱東芝　問い合わせ先☎(03)3457-3405

半導体磁気抵抗素子

磁気抵抗効果（磁界の大きさで抵抗値が変化する）を応用したセンサで，InSb を材料に使った半導体磁気抵抗素子と，CoNi（コバルト・ニッケル）のような強磁性体を使った強磁性体磁気抵抗素子があります．通称，MR（Magnetic Resistor）センサと呼ばれています．

小さな角型素子を何十個も直列にして，目的の抵抗値を得ています．

これは，横長形状のほうが感度が高いためです（これを形状効果という）．しかし，これでは抵抗値が小さくなるので，何十個も直列にするのです．

磁気抵抗素子ではホール素子のように電圧出力ではないので，ブリッジ構成にして使用します．また，ゼロ磁界付近では感度がないため，通常，磁気バイアスして使用します．こうすると，ホール素子の十倍以上の感度が得られます．

この高感度を利用して，磁気識別センサや MR 式角度センサなどに応用されています．

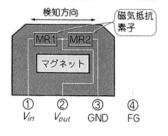

(2) 磁気識別センサの構造

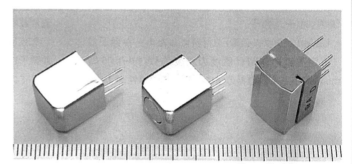

(2) 磁気抵抗素子を使用した磁気識別センサ

(2) 単相出力回転センサ

(2) 基準電圧出力付き2相出力回転センサ

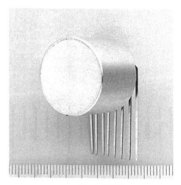

(2) 4相回転センサ

(2) 角度センサ

(2) 温度補償回路内蔵型角度センサ

資材提供(2)：㈱村田製作所　問い合わせ先☎(044)422-5151

強磁性体磁気抵抗素子

　強磁性体磁気抵抗素子は電流磁気抵抗効果で，半導体磁気抵抗素子は異方性磁気抵抗効果で，その作用は異なっています．

　そのため，半導体磁気抵抗素子では抵抗値が磁界の強さに比例しますが，強磁性体磁気抵抗素子では反比例します．しかし，数十～数百ガウスになるとすぐ飽和してしまいます．

　このような性質から，強磁性体磁気抵抗素子はディジタル的な応用に適したセンサと言えます．

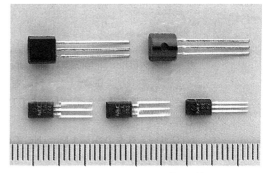

(3) 強磁性体磁気抵抗素子

(3) MRSM81T

(3) MRSS95

ホール素子と磁気抵抗素子の出力電圧

　ホール素子の最大の長所は，出力電圧が磁界の強さに比例することです．右の図にGaAsホール素子の例を示しますが，出力電圧は磁束密度に対して直線的に変化します．

　いっぽう磁気抵抗素子のほうは，下の図のようにお世辞にも直線的とはいえません（下の図は強磁性体磁気抵抗素子の場合）．しかし，その代わりに感度が高いという長所があるので，ディジタル的な応用には便利な素子です．

GaAs ホール・センサの出力電圧
(THS103A)

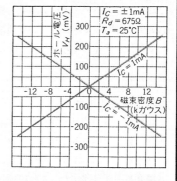

強磁性体磁気抵抗素子
の出力電圧

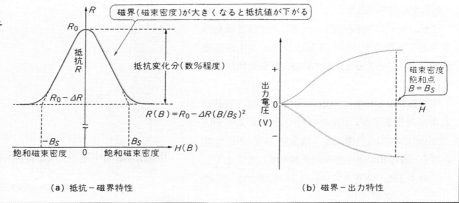

$$R(B) = R_0 - \Delta R (B/B_S)^2$$

（a）抵抗－磁界特性　　　　　　（b）磁界－出力特性

資材提供(3)：日本電気㈱　問い合わせ先☎(03)3798-6164

(33) サーミスタ

松井邦彦

サーミスタ(Thermistor)は Thermally Sensitive Resistor(熱に感じやすい抵抗体)の総称です．負の温度係数をもつものを NTC(Negative Temperature Coefficient)サーミスタ，正の温度係数をもつものを PTC(Positive Temperature Coefficient)サーミスタと呼んでいます．

NTC サーミスタの多くは Mn，Ni，Co，Fe，Cu などの金属酸化物を焼結した半導体で作られ，良好な特性が得られるので計測用温度センサとして大量に使用されています．通常，サーミスタと言ったらこの NTC サーミスタを指します．

サーミスタは材料が半導体ですからあまり高温での使用はできません．それでも最高使用温度が－200〜700℃以上というものもあります(通常－100〜300℃程度)．高温用サーミスタには ZrO_2 や Y_2O_3 などの複合焼結体が使用されています．

汎用サーミスタ

右の図に示すように，サーミスタ素子の形状は大きく分けて，ビード型，ダイオード型，ディスク型があります．

ディスク型は樹脂モールドが一般的で，最高使用温度が一般的な半導体同様100℃そこそこですが，安価で量産向きです．

いっぽう，ビード型とダイオード型はガラス封入のため300℃を越える高温でも使用可能です．最近ではビード型やダイオード型にも樹脂モールド品が低価格で登場してきましたが，最高使用温度が低いので注意してください．

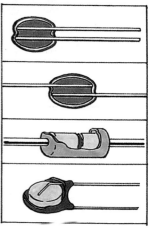

(a) ビード型
(ラジアル・リード)

(b) ビード型
(アキシャル・リード)

(c) ダイオード型

(d) ディスク型

サーミスタの内部構造

高精度サーミスタ

高精度サーミスタは抵抗値許容差，B 定数許容差のバラツキが小さなサーミスタです．汎用タイプでは±5〜20％のばらつきがあるのが普通ですが，高精度サーミスタでは±1％以内に収まっています．

抵抗値のばらつきが1％というと一見大きいようですが，サーミスタの感度が大きいので誤差は意外と小さくなります．たとえば，サーミスタの感度を－3.5％/℃とすると，1/3.5≒0.3℃の互換精度になります．

B 定数のばらつきは温度スパンが広いほど影響が大きくなりますが，1％のばらつきでおよそ±0.5℃(100℃スパン)程度です．抵抗値および B 定数のばらつきの和がトータルの互換精度になります．

このように，温度スパンが小さい応用ではおもに抵抗値のばらつきに注意し，温度スパンが広くなるにつれ B 定数のばらつきにも注意を払います．

入手しやすい高精度サーミスタは±1℃の互換精度までですが，±0.05℃(0〜70℃)というすばらしい特性をもった高精度サーミスタも入手可能です．

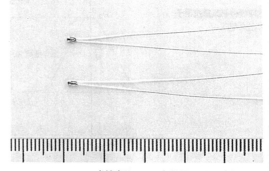

高精度サーミスタ(DX3-42H-0/0)

サーミスタ測温体の規格として，階級，使用温度範囲，公称抵抗値，結合方式などが JIS C1611 に規定されています．市販されているサーミスタのなかには JIS 規格外のものも多く，その特徴を生かした回路設計が必要です．

高速応答用サーミスタ

　このサーミスタは細い針先に入れて使うとか，フィルムの上に貼って使うなどの微小サイズを要求される応用，あるいは非常に速い熱応答性を要求される応用に開発されたサーミスタです．

　直径が1mm以下と非常に小さいため熱時定数が

1秒程度しかありません．通常のサーミスタの時定数が10秒以上なので，10倍以上の高速応答が可能です．

　最近，表面温度測定用にフィルム状の薄い(0.5mmくらい)形状のサーミスタも市販されています．

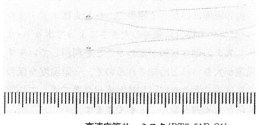

高速応答サーミスタ(PT7-51F-S1)

複写機/プリンタ用温度センサ
(上：PT5S-25E2，下：PM3S-342)

サーミスタの抵抗-温度特性

　NTCサーミスタの抵抗値 R_T は，
$$R_T = R_0 \exp B\{(1/T)-(1/T_0)\} \quad \cdots\cdots\cdots(1)$$
で示されます．ただし，R_0 は基準温度 T_0(0℃あるいは室温)での抵抗値，B は B 定数と呼ばれ2温度間の抵抗変化を表す定数です．この値が大きいほど1℃当たりの抵抗変化が大きくなります．

　右の図がサーミスタの抵抗-温度特性を示します．このようにサーミスタの抵抗は温度に対してノン・リニアなので，非常に高い感度をもっています．サーミスタの1℃当たりの抵抗変化率 α は，
$$\alpha = -B/T^2 \quad\cdots\cdots\cdots\cdots\cdots\cdots\cdots\cdots\cdots\cdots(2)$$
で示されます．係数が負であることから温度が上昇すると抵抗値が減少することがわかります．

　ちなみに，$T=298K(25℃)$，$B=4000K$ のサー

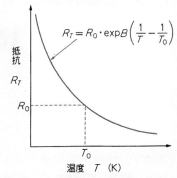

サーミスタの抵抗-温度特性

$$R_T = R_0 \cdot \exp B\left(\frac{1}{T}-\frac{1}{T_0}\right)$$

抵抗 T （K）

ミスタは，(2)式から，
$$\alpha = -4000/298^2$$
$$= -0.045$$
となって，−4.5％/℃の感度があることがわかります．この値は白金測温抵抗体の10倍以上です．

チップ・サーミスタ

　表面実装用としてチップ・サーミスタがあります．形状はチップ抵抗やチップ・コンデンサと同じ3216，2012，1608タイプなどが標準で用意されています．

チップ・サーミスタの外観と内部構造

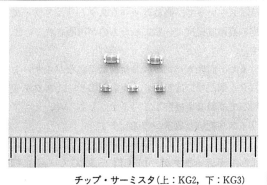

チップ・サーミスタ(上：KG2，下：KG3)

高温用サーミスタ

　高温用サーミスタ・チップを耐熱性ガラスに封入し，セラミック・タブレットと合体することにより最高使用温度範囲を400〜500℃まで拡大しています．これ以上の温度では白金測温抵抗体や熱電対があるので，無理してサーミスタを使用するメリットが生じません．

　またセラミック・タブレットの使用で，耐湿性にも優れています．

高温用サーミスタ
（上から，U1-382-S5，E1-382-U1，E3-42D-N2）

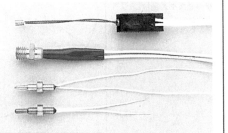

上から，石油気化器用温度センサ，給湯器用湯温センサ，
洗濯機用温度センサ

自己加熱型（ホット）サーミスタ

　通常，サーミスタにはできるだけ自己発熱がないように被測定電流を小さくして使用します．自己発熱があるとその温度差だけ誤差になってしまいます．

　ところが，自己加熱型サーミスタは自己加熱を積極的に利用して，サーミスタ自身を150〜200℃に加熱した状態で使用します．動作点が違うだけで，サーミスタ自身は通常のものと同じです．

　動作原理はいたって簡単で，たとえばエア・フロー・センサの場合は風速の大きさによってホット・サーミスタの動作状態が変わることを利用しています．風速が大きいほど冷却されるので，一定温度を保つのにはより大きな自己加熱電流が必要です．この電流値から風速を測ることができます．

　ホット・サーミスタの応用製品としてはエア・フロー・センサ以外にも液面などのレベル・センサ，絶対湿度センサなどがあります．

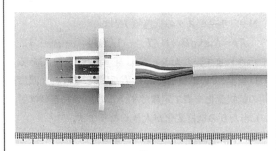

エアコン用エア・フロー・センサ

リニア・サーミスタ

　前述したように，サーミスタの抵抗変化は温度に対して直線ではありませんが，サーミスタに直列あるいは並列に抵抗を付加することで，直線化ができるようになります（感度は低下する）．これをリニアライズといって，高精度サーミスタとリニアライズ用の高精度抵抗を一緒にしたものが市販されています．

　また，温度スパンが広くなれば当然ながらサーミスタ1個だけでは無理で，複数個のサーミスタを使用して高精度を維持しています．もちろん，リニアライズ用抵抗も数量が増加します．

　リニア・サーミスタの非直線誤差は温度スパンによっても違いますが，0.1℃以下（50℃スパン）に抑えることも可能です．

リニア・センサ
（医療用サーミスタ温度
プローブ 400 シリーズ）

サンプル提供：
日機装ワイエスアイ㈱
☎ (0422)37-9811

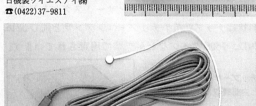

体表用表面型温度プローブ(409J)

(34) 熱電対

松井邦彦

2種類の金属線を結合して，二つの接合点間に温度差を与えると電圧（熱起電力）が生じます．これをゼーベック効果と呼んでいますが，熱電対はこの現象を応用した温度センサです．熱電対の最大の魅力は測定温度範囲がきわめて広いということでしょう．

−270℃の極低温から2600℃という高温まで測定でき，しかも600〜2000℃の温度範囲ではもっとも正確な温度測定が可能です．現在，JIS規格ではK/E/J/T/B/R/Sなどの熱電対があります．もちろん，JIS規格にはない熱電対もあります．

シース熱電対

熱電対素線を酸化マグネシウムのような粉末状の無機絶縁物の中に埋め込み，電気的に絶縁したあと，柔軟な金属シース管で封入したものです．

そのため，(1)外形が細いので熱応答が速い，(2)柔軟性があり，ある程度の折り曲げができる，(3)耐熱性，耐圧性，耐衝撃性に優れているなどの特徴があります．

シース管の先端部は，露出型[*1]，接地型[*2]，非接地型[*3]の3種類があります．

シース熱電対の先端部

シース熱電対の種類
（上から，露出型，接地型，非接地型）

シース熱電対
[SH600-K-05-U]

- [*1] 露出型：熱電対の接合部が露出しているので非腐食ガス向き．熱応答性は良好．
- [*2] 接地型：熱電対はシース管内に収まっているのでガスや液体でも大丈夫．熱電対接合部はシース管先端に溶着されているので，熱応答性は露出型よりは悪いが非接地型よりは良い．
- [*3] 非接地型：熱電対はシース管内に収まっているが，シース管には溶着されておらず，電気的な絶縁が得られる．

シース熱電対のコネクタ内部

被覆熱電対

測定温度が200〜300℃以下と比較的低い場合は，熱電対素線に耐熱ビニルとかテフロンなどを絶縁被覆したものがあります．

このタイプの熱電対は，(1)熱電対素線を任意の長さに切って先端部を溶接して使用できる，(2)折り曲げが可能でシールドもできる，(3)安価などの特徴があるので，使い捨てをする場合や狭い場所での使用には便利です．

なお，被覆には単線被覆（シングル・ワイヤ）とその外側をさらに被覆した2重被覆（デュプレックス・ワイヤ）などがあります．

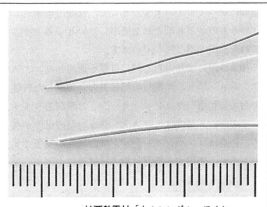

被覆熱電対［上：シングル・ワイヤ，下：デュプレックス・ワイヤ］

サンプル提供：石川産業㈱

極細熱電対

熱電対は2種類の金属線を接合したシンプルな構造なので，きわめて細いセンサを作ることができます（ただし抵抗は大きくなる）．現在，0.025 mm（25 μm）の線径までは容易に入手することができます（1 μm以下も可能）．なお，熱電対接合部の直径は線径の3倍程度になります．

このタイプの熱電対は応答性が非常に速い（静止空気中で数十ms程度）ということ以外に，被測定部から熱電対を経て逃げる熱を最小にできるというメリットもあります．微小物あるいはきわめて狭い箇所などの温度測定にはきわめて有効です．

極細熱電対

極細熱電対の先端部

表面温度測定用熱電対

表面温度測定用のフラット・シート状の熱電対もあります．測定部の厚さが10〜数十 μmと非常に薄いため熱応答性が良く（被測定部に貼り付けたとき数ms程度），熱慣性もたいへん小さくなっています．また，回転体あるいは移動体の表面温度を計測できる特殊な形状の熱電対もあります．

高速型表面センサの先端部

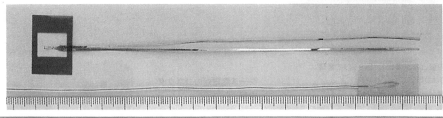

表面センサ
［上は高速型］

補償導線

熱電対と測定器の距離が長い場合は，熱電対をそのまま長くして接続するのが理想ですが，これでは高価になってしまいます．そこで，安価で熱電対に代わるものがあればこれを使用したいところです．これを補償導線と呼んでいます．

補償導線には熱電対と同じ材質を使用したエクステンション型と，熱電対の熱起電力と類似した特性の合金を利用したコンペンセーション型があります．

そのため，精度はエクステンション型のほうが良く，価格はコンペンセーション型のほうが安価です．もちろん，使用する熱電対用の補償導線を選択しなければなりません．

外部からのノイズが気になるときは，シールド付き補償導線も市販されています．

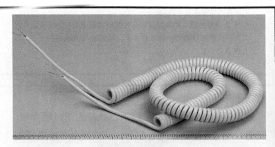

熱電対補償導線 ［カール・コード］

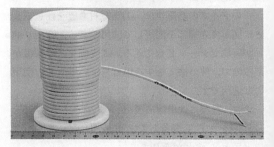

熱電対補償導線

熱電対には冷接点補償が必要

熱電対は温度差に比例した熱起電力を発生するので，温度点と冷接点温度が同じだと熱起電力はゼロになります．これでは正確な温度がわからないので，なんらかの手段で温度に比例した電圧に変換する必要があります．これを冷接点補償と呼んでいます．

冷接点補償の一つの方法は氷と水を入れた魔法びんを用意して，その中に熱電対（もちろん冷接点側）を入れて使用します（図参照）．こうすれば魔法びんの中は常に0℃に保温されるので，0℃を基準にした温度を測定することができます．

別の方法として，冷接点温度に相当する電圧を熱起電力に加算する方法があります．専用のICやモジュールが市販されており，簡単に行えます．最近ではこの方法が一般的です．

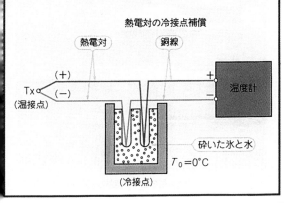

熱電対の冷接点補償

非接触型温度センサ

自然界に存在する物体は大なり小なりすべて赤外線を放射しています．この放射エネルギは絶対温度の4乗に比例する（ステファン・ボルツマンの法則）ので，赤外線を検出することによって温度を測定することができます．

赤外線検出にはサーモ・パイルという素子が使用されます．サーモ・パイルは，熱電対（サーモ・カップル）を堆積（パイルアップ）した温度センサで，赤外線エネルギによって生じる温度変化を熱電対で検出し，熱起電力として出力します．

そのため，精度的には一般の熱電対にはかないませんが，非接触での測定ができることが最大のメリットです．

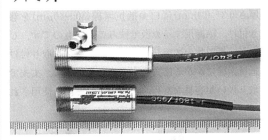

非接触型（赤外線）センサ

赤外線センサの先端

サンプル提供：㈱エドックス

サンプル提供：名古屋科学機器㈱

熱電対用コネクタ

熱電対同士あるいは熱電対と補償導線を接続するときに使用すると便利です．コネクタ部は熱電対と同等金属で作られているので，測定誤差を最小にすることができます．

コネクタのほかにも便利な熱電対グッズが市販さ

れています．たとえば，マルチピン・コネクタ，コンセント，中継ターミナル，圧着端子，回転体用スリップ・リング，切り替えスイッチ，パネル・ジャックなどです．

熱電対用コネクタ

小型熱電対用コネクタ

（35）白金測温抵抗体

松井邦彦

　一般に，金属は温度が上がると抵抗値が増加する正の温度係数（3000〜7000 ppm/℃）をもっています．この性質を応用した温度センサが測温抵抗体です．測温抵抗体には白金，銅，ニッケルなどがありますが，白金は，(1) 融点が高く（1768℃），化学的にも電気的にも安定している，(2) 延性に優れ，極細線の加工が容易，(3) 抵抗–温度特性がリニアに近い，などの特徴をもっており，温度センサには最適の材料です．この白金を材料にした白金測温抵抗体はきわめて安定で，測定温度範囲も−200℃〜＋650℃と広いので，高精度な温度測定には欠かせない温度センサです．なお最近では測定温度が1000℃を越えるものも開発されつつあります．

マイカ型白金測温抵抗体

　両側に多数の溝を付けたマイカ板（幅3〜10mm，厚さ0.3〜0.4mm）に白金抵抗素線（30〜40μm）を巻き付け，絶縁用マイカ板で挟みこんだものです．しかも，半円状のステンレス製スプリングを取り付け，抵抗素線にかかる応力を小さくしています．丈夫で取り扱いが容易なため，工業用として広く使用されています．

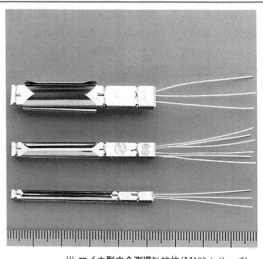

(1) マイカ型白金測温抵抗体（M100シリーズ）

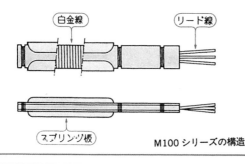

M100シリーズの構造

セラミック封入型測温抵抗体

　スパイラル状に形成した高純度の白金抵抗素線をアルミナ・セラミック本体に装着し，その底部を耐熱フリットで固定したものです．

　白金抵抗素線にかかる熱ひずみの影響を小さくできるので，

① 高温まで使用できる
② 抵抗値のドリフトが小さい
③ 再現性と長期安定性に優れている

などの特徴があります．

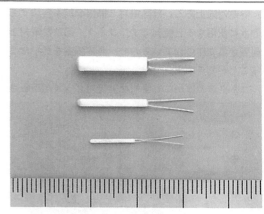

(1) セラミック封入型白金測温抵抗体（C100シリーズ）

◀ C100シリーズの構造

サンプル提供(1)：山里産業㈱　問い合わせ先☎(06)441-3453

金属保護管付き白金測温抵抗体

　白金測温抵抗体は通常は保護管に入れて使用されます．保護管としては金属保護管が一般的ですが，金属保護管にも使用温度範囲，雰囲気ガス，耐振性，熱応答性などによっていろいろな種類があります．

　また，セラミック封入型白金測温抵抗体を酸化マグネシウムを充塡した金属シース管で封入したシース白金測温抵抗体は柔軟性があり，応答性が速く，耐環境性が高いという特徴があります．

　金属管以外では耐薬品性に優れているテフロン管や，とくに高温で使用する場合の石英ガラス管などがありますので，用途によって使い分けることが大切です．

(1)金属保護管付き白金測温抵抗体

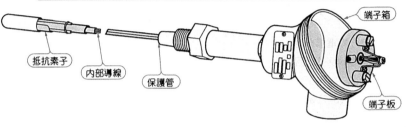

抵抗素子　　内部導線　　保護管　　端子箱　　端子板

金属保護管付き白金測温抵抗体の構造

白金測温抵抗体の標準規格

　現在，日本には白金測温抵抗体の標準規格としてJIS C1604-1989(新JIS)があります(表参照)．以前はJIS C1604-1981(旧JIS)だったのですが，温度係数が3916 ppm/℃と外国との互換性がなかったため，新JISではDIN43760(西独工業規格)やIEC751(国際電気標準会議)と同じ3850 ppm/℃に統一されました．なお公称抵抗値は100Ωだけです．

　白金測温抵抗体は，従来はマイカ板やセラミック板に白金抵抗素線を巻き付けた巻き線型が主流だったのですが，最近では量産性に優れた低価格の薄膜型あるいは厚膜型の白金測温抵抗体が登場してきました．これら膜タイプの白金測温抵抗体は振動に強い，熱応答性がよいという特徴のほかに，高抵抗値が得やすいため回路設計がしやすいという特徴もあります．とくに低消費電力が必要な応用では必需品です．

　また形状的にも融通がきき，大面積(数cm²以上)のものから小型のものまで製作可能です．そのため，JIS規格品ではありませんが，さらに応用範囲が拡大されつつあります．

白金測温抵抗体の標準規格(JIS C1604-1989)

温度 (℃)	白金測温抵抗体の規格値 (Ω)	白金測温抵抗体の最大許容量			
		クラスA		クラスB	
		Ω	℃	Ω	℃
−200	18.49	±0.24	±0.55	±0.56	±1.3
−100	60.25	±0.14	±0.35	±0.32	±0.8
±0	100.00	±0.06	±0.15	±0.12	±0.3
+100	138.50	±0.13	±0.35	±0.30	±0.8
+200	175.84	±0.20	±0.55	±0.48	±1.3
+300	212.02	±0.27	±0.75	±0.64	±1.8
+400	247.04	±0.33	±0.95	±0.79	±2.3
+500	280.90	±0.38	±1.15	±0.93	±2.8
+600	313.59	±0.43	±1.35	±1.06	±3.3

100Ωの場合の温度特性は次式によって示される．
　0℃〜+600℃の場合
　　$R_t = 100(1 + 3.90802 \cdot 10^{-3} \cdot t - 0.580195 \cdot 10^{-6} \cdot t^2)$
　−200℃〜0℃の場合
　　$R_t = 100 \{1 + 3.90802 \cdot 10^{-3} \cdot t - 0.580195 \cdot 10^{-6} \cdot t^2 - 4.27350 \cdot 10^{-12}(t-100) t^3\}$
　　ただし，R_t：温度 t のときの抵抗値(Ω)
　　　　　　t：温度(℃)

ガラス封入型白金測温抵抗体

　特殊なガラス本体に白金抵抗素線を巻き付け，0℃での抵抗値を調整した後，特殊ガラス管に封入したものです．

　応答性が速く，絶縁性，耐水性，耐ガス性などに優れています．

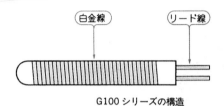

G100 シリーズの構造

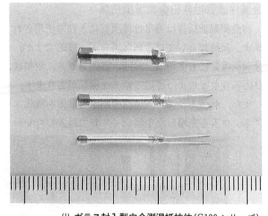

(1) ガラス封入型白金測温抵抗体（G100 シリーズ）

定電流ドライブと定電圧ドライブ

　白金測温抵抗体は熱電対のように自分で電圧を発生してくれませんから，右の図のようにドライブ回路が必要です．

　図(a)は定電流ドライブ回路です．同図(b)は定電圧ドライブ回路です．定電圧ドライブでは非直線誤差が少し増えます．

　しかしながら，白金測温抵抗体のリニアライズは

定電流ドライブと
定電圧ドライブ

(a) 定電流ドライブ　　(b) 定電圧ドライブ

熱電対とは違って簡単なので，回路の簡単な定電圧ドライブがよく使用されます．

薄膜型白金測温抵抗体

　巻き線型の白金測温抵抗体は量産によるコスト・ダウンが得にくいという欠点がありました．薄膜（あるいは厚膜）タイプの白金測温抵抗体は，セラミック・ボビンに白金薄膜を形成しているので，金属皮膜抵抗の量産技術が応用でき，量産による低価格化が得やすい構造になっています．

　抵抗温度係数は JIS 規格の 3850 ppm/℃だけではなく，3500 ppm/℃やほかの値のものも用意されており，回路に合わせて選ぶことができます．

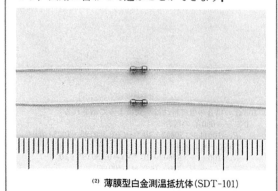

(2) 薄膜型白金測温抵抗体（SDT-101）

自己加熱型（ホット）白金測温抵抗体

　自己加熱した白金測温抵抗体を応用して，風速センサを作ることができます．これは空気の冷却効果によって白金測温抵抗体の抵抗値が変化することを利用し，白金測温抵抗体の自己加熱電流を測定することで風速を算出しています．

　このセンサは，直径が 500 μm，長さが 2 mm の小さなセラミック・ボビンに白金薄膜を形成しているので，時定数が 1.5 秒と小さな値になっています．

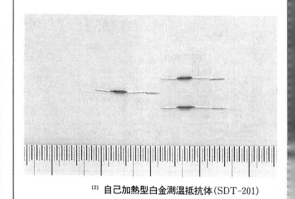

(2) 自己加熱型白金測温抵抗体（SDT-201）

サンプル提供(2)：多摩電気工業㈱　問い合わせ先☎(03)3723-1355

(36) ガス・センサ

松井邦彦

ガス・センサはメタン・ガスやプロパン・ガスなどの可燃性ガス，CO や硫化水素などの毒性ガスのほか，ノロンやアルコールなど各種ガス濃度を検出するセンサです．検出方式は種々ありますが，取り扱いや寿命などで半導体式がもっともポピュラです．

可燃性ガス・センサは都市ガスや LP ガスなどの家庭用ガス警報装置に大量に使用されているので，目にしたことがあるはずです．アルコール・センサは呼気中のアルコール濃度を表示するアルコール・チェッカやビール工場などで活躍しています．

最近では煙センサ付きの家庭用空気清浄器や，調理時に発生するガスを検出して上手に調理する電子レンジなども市販されています．また，臭いを検出するセンサは，研究段階のものや一部製品化されているものがあります．

汎用ガス・センサ

ガス検出素子には SnO_2 を主成分とする金属酸化物半導体を使用しています．雰囲気中に還元性ガス成分が存在するとガス検出素子の抵抗値が低下するので，各種ガスの検出が可能になります．

また，各種ガスに対する感度は検出素子に付いているヒータの温度で決まります．例えば，CO(一酸化炭素)ガスの場合は 100 ℃以下の温度が適していますが，雰囲気中の水分の影響を受けやすいので，検出素子を交互に高温/低温状態に加熱して使用します．そのための専用 IC も用意されています．

(1) 有機溶剤用ガス・センサ(TGS822)

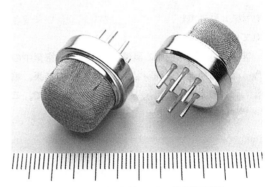

(1) LP ガス・センサ(TGS109)

(1) 水素ガス・センサ(TGS821)

(1) 一酸化炭素ガス・センサ(TGS203)

省電力型厚膜ガス・センサ

　厚膜印刷技術を応用したガス・センサは小型化が可能で，そのためヒータ（センサに内蔵されている）の消費電力を小さくすることができます．

　また，1チップ上に複数のガス・センサを形成したものは，1個のセンサで複数のガスを検出することができます．高精度センサの大量生産が可能です．

(1) 省電力型厚膜ガス・センサ(TGS26XX, TGS24XX)

(1) 省電力型厚膜ガス・センサ(TGS21XX)

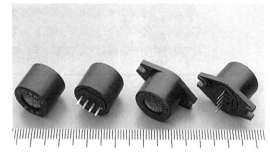

(1) 省電力型厚膜ガス・センサ(TGS22XX)

ガルバニ電池式 O_2 (酸素) センサ

　金電極からなる酸素極を＋，鉛電極をーとして，電解液に酸性電解液を使った酸素・鉛電池で構成されています．

　非多孔性フッ素樹脂の隔膜を通ってくる空気中の酸素は金電極上で電解還元されます．その結果，電極間には酸素濃度に比例した電流が流れるので，この電流を抵抗で検出して電圧出力します．

　ガルバニ電池式酸素センサの寿命は鉛電極の電解液への溶解度で決まるため，電解液に水酸化カリウムのようなアルカリ性水溶液を使ったものは寿命が短いという欠点がありました．しかし，酸性電解液を使った O_2 センサは寿命が長く，常温で使用できるという特徴があります．

　自動キャリブレーション機能や警報機能が内蔵された専用 IC が用意されています．

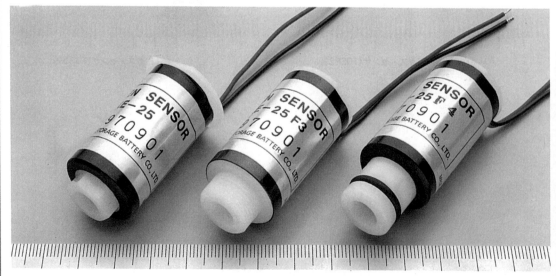

(2) ガルバニ電池式 O_2 センサ(KE-25 シリーズ)

資材提供(2)：日本電池㈱　問い合わせ先☎(075)312-1211

空燃比(O₂)センサ

空燃比（O₂）センサ

　自動車などでは排気ガス規制により，空燃比（燃料と空気との比）を制御して排気ガスをクリーンにする必要があります．

　空燃比センサには一般にジルコニアやチタニアな

どが使用され，固体電解質の酸素イオン導電性を利用しています．いずれも，空気過剰率が1の点で出力が大きく変化するのが特徴です（リニア出力ではない）．汎用タイプのほかにも，ヒータ付きや絶縁タイプなどがあります．

(3) **空燃比センサ（ジルコニア酸素センサ）**

ガス・センサの動作原理

　半導体式ガス・センサでは下の図(a)のように，センサを例えば400℃といった高温に保つと，自由電子がSnO_{2-x}（酸化すず）粒子の粒界を通って流れます．

　きれいな空気中では酸化すず表面に酸素が吸着します．酸素は電子親和力があるので自由電子をトラップし，粒界にポテンシャル障壁を形成します．その結果，センサの抵抗値が増加します．

　雰囲気中に可燃性ガスのような還元性ガスがあると，図(c)に示すように酸化すず表面でこのガスと吸

着している酸素とが反応して吸着酸素が減少します．その結果，ポテンシャル障壁が低下するので電子が動きやすくなり，センサの抵抗値が減少します．

　このように，半導体式ガス・センサではガスの濃度を抵抗値変化で検出することができます．

　ところで，雰囲気中のガスと吸着酸素との反応はセンサ素子の温度とセンサの材料で変わります．したがって，センサ素子の温度（すなわちヒータ温度）とセンサ材料を適切に組み合わせることで，用途に合ったセンサを作ることができます．

ガス・センサの動作原理

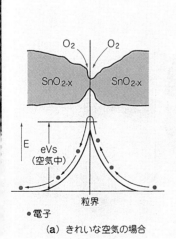

$$\frac{1}{2}O_2 + (SnO_{2-x})^* \rightarrow O^-ad(SnO_{2-x})$$
$$CO + O^-ad(SnO_{2-x}) \rightarrow CO_2 + (SnO_{2-x})^*$$

(a) きれいな空気の場合　　(b) 還元性ガスの場合　　(c) SnO_2表面でのCOと吸着酸素との間の反応

資材提供(3)：日本特殊陶業㈱　問い合わせ先☎(0568)76-1229

(37) 電流センサ

松井邦彦

電流センサは電流検出素子の総称で，(1)シャント抵抗型，(2)CT(Current Transformer)型，(3)ホールCT型，(4)空芯型，(5)フラックス・ゲート(磁気変調)型，(6)光ファイバ型などの電流センサが市販されています．

一般的な電流検出範囲は，CT型電流センサで100〜数千Aまで，空芯型電流センサでは1万A以上の電流検出が可能です．逆にフラックス・ゲート型電流センサでは1mA以下の電流分解能があります．

汎用型AC電流センサ

被測定電流が100A以内の小型のAC電流センサです．貫通穴径はおよそφ6mm程度ですが，たいていの用途ではこれで大丈夫です．

基本的には商用電源50/60Hz用ですが，数十kHz以上の周波数でも使用可能です．ただし，周波数が高くなるほどコアの損失が大きくなるので，最大電流値が小さくなってしまいます．

これらのAC電流センサのコアには珪素鋼板が使われていますが，数mA以下の低電流では感度がなくなってしまいます．ところがコアにパーマロイを使ったものでは1mA以下の電流でも十分な感度を維持しています．

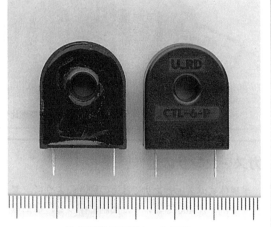

(1) 汎用型AC電流センサ(CTL-6-Pシリーズ)

空芯型AC電流センサ

被測定電流が1000Aを越えるとコアの容積がきわめて大きくなってしまい，重量および形状も電流値に比例して大きくなってしまいます．そのため，大電流ではコアをもたない空芯型が使われます．

ただし，空芯型AC電流センサの出力電流は被測定電流の微分値になってしまうため，高周波ほど出力が大きくなってしまいます．そのため，通常は積分回路を入れて周波数特性を改善します．

数万Aまでなら比較的楽に入手が可能です．

(1)空芯型AC電流センサ
(CTL-400-L-3)

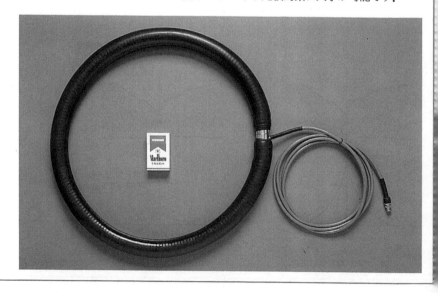

サンプル提供(1)：㈱ユー・アール・ディー　問い合わせ先☎(045)502-3111

DC 電流センサ

　強磁性体のコアにギャップを付けて，その中にホール素子を配置したものです．ギャップ中の磁束密度は被測定電流に比例するので，それをホール素子で検出することで電流を測定できます．

　ホール素子は DC 磁界を検出できるので，当然この電流センサは DC 電流（もちろん AC 電流も）の測定ができます．また，これがこの電流センサの最大のメリットになっています．

　ただし，精度がホール素子の特性（リニアリティや温度特性など）やコアの特性で決まるので，高精度が要求される応用では次頁に示すサーボ式 DC 電流センサが使用されます．

(1) DC 電流センサ（HCS-AP シリーズ）

電流センサの特徴

　シャント抵抗型電流センサは抵抗そのものです．図(a)に示すように電圧降下を利用しているので大電流ほど電力ロスが大きくなってしまう欠点がありますが，AC および DC 電流検出ができる，もっともシンプルで基本的な電流センサです．

　1 mΩ（数百 A 程度）の抵抗値までなら比較的入手が楽ですが，抵抗値が小さいものほどわずかな配線抵抗が誤差になります．高精度計測用では出力端子を別に設けた 4 端子構造（ケルビン接続）の抵抗が使用されます．

　高周波用としては L 成分を小さくした無誘導巻きタイプが使用されています．また数百 A，数十 MHz 電流検出用として BNC 出力付きの同軸シャント抵抗もあります．

　CT（Current Transformer）は電流センサとしては非常にポピュラですが，図(b)に示すようにトランスなので，検出できるのは AC 電流だけになってしまいます．

　このため CT を AC 電流センサと呼ぶことがあります．CT の最大のメリットは非接触で測定できる点です（ロス分が非常に小さい）．最近ではクランプ式という便利な電流センサも入手できるようになりました．

　フラックス・ゲート型電流センサでは 1 mA 以下の DC 電流測定が可能です．

　CT ではコアを飽和させないように使いますが，フラックス・ゲート型電流センサでは逆にコアを飽和させて使用します．このためコアには特殊な可飽和型コアが使用されます．

　光ファイバ型は光が磁気で偏光される現象（ファラデー効果）を利用した電流センサで，光電流センサとも呼ばれています．光ファイバを利用しているので耐絶縁性，耐ノイズ性などが優れていますが，回路としてはかなり大がかりなものになってしまいます．

電流検出方法

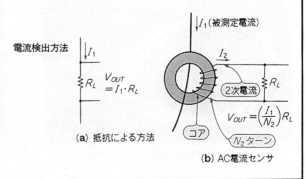

(a) 抵抗による方法

(b) AC電流センサ

電流センサの感度について

電流センサでは基本的には貫通穴に電流線を通すだけですが、右の図のように電流線を貫通穴に巻き足すことで電流感度を増加させることができます。

例えば、ここでは3ターン巻いていますが、この場合は電流感度が3倍になります。

これを利用してマルチ・レンジの電流センサが市販されています。

たとえば1次巻き数を1～5ターン用意しておくと、1～5倍まで電流感度を選択可能です。一つのセンサで五つの電流レンジが選べるので、用途によっては便利なセンサです。

ただし、このタイプのセンサでは貫通穴がなくな

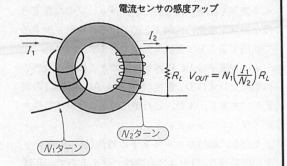

電流センサの感度アップ

$$V_{OUT} = N_1\left(\frac{I_1}{N_2}\right)R_L$$

N_1ターン　N_2ターン

りセレクト・ピンで設定するので、絶縁アンプ的な使い方になります。

サーボ式 DC 電流センサ

サーボ式電流センサでは2次コイルを別に用意して、それに電流を流すことでコアの磁束密度をキャンセルさせます（そのように回路が動作する）。2次コイルが余分に必要ですが、コアの磁束密度がつねにゼロなのでホール素子はゼロ磁界だけを検出できればよく、ホール素子のリニアリティや感度の温度特性は電流センサの特性には影響しません。

このように、サーボ式 DC 電流センサでは高精度が得られやすいので、最近ではこのタイプの電流センサの需要が延びています。

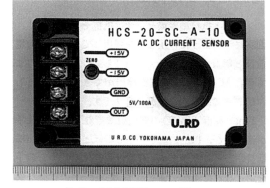

(1) サーボ式 DC 電流センサ（HCS-20-SC シリーズ）

クランプ式 DC 電流センサ

電流センサには貫通穴に被測定電流線を通す必要があります。新規システムではそれほど問題はありませんが、既設システムでは配線をカットする必要があり、これが大きな問題となってしまいます。

クランプ式電流センサは貫通穴が開閉式になって

いるため、既設配線でもカットすることなく容易に取り付けることができるので、たいへん便利なセンサです。

従来はクランプ式というと形状的に大きくなってしまいましたが、最近では小型の低価格製品が入手できるようになりました。

(2) クランプ式 DC 電流センサ（TCT-06 シリーズ）

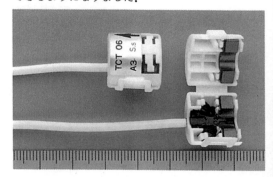

(2) センサのクランプ部

サンプル提供(2)：㈲センシング　問い合わせ先☎(045) 845-4506

(38) 圧力センサ

松井邦彦

圧力とは流体によって作用する単位面積当たりの力（たとえば kg/cm²）を表します．
その圧力を検出できるセンサを圧力センサといいます．通常，圧力には，①ゲージ圧，
②差圧，③絶対圧の3種類があります．

(1) ゲージ圧：大気の圧力を基準（＝ゼロ）として，それより大きい場合を"＋"（正圧），
小さい場合を"－"（負圧）で表します．通常，圧力というとゲージ圧を指します．

(2) 差圧：二つの流体間の圧力差（すなわち差圧）です．片方の圧力が基準になります．

(3) 絶対圧：ゲージ圧と差圧は相対的な圧力（相対圧）ですが，真空を基準にすると絶対
圧となります．気圧計などで使用する圧力センサではこの絶対圧を測定します．

一般的な応用では半導体式圧力センサが高感度・低価格という特徴を生かして使用さ
れますが，100℃を越える高温での使用や腐食ガス中などの悪環境での圧力測定では，
半導体式以外の圧力センサが使用されています．

汎用型ゲージ圧センサ

流体が空気のような比較的きれいな非腐食性気体の場合は，プラスチック・モールド・タイプが安価です．最高使用温度は100℃程度ですが，医療用や工業計測用として使用されています．

用途によって定格圧力もいろいろとありますので，最適な圧力範囲を選択することができます．

掃除機や血圧計のように大量生産される場合は，機能を限定して低価格化しています．一方，自動車用は高信頼性が要求されるため，メタル・キャン・パッケージが用意されています．

最近では，センサ・チップにアンプが内蔵された集積化圧力センサも製品化されており，絶対圧センサも含め，主流になりつつあります．調整済みなのでたいへん便利です．

(1) 汎用ゲージ圧力センサ（FPM-15PG）

(1) 集積化圧力センサ（XFPM100/200PGR）

(2) プラスチック・モールド・タイプ（DPS-400-500G）

(2) メタル・キャン・パッケージ・タイプ（SP4A-50D）

サンプル提供(1)：㈱フジクラ　問い合わせ先☎(03)5606-1072

絶対圧センサ

　ゲージ圧センサでは，センサの片方（基準側）は大気圧側に開放されていますが，絶対圧センサでは真空側へ開放になっています．

　最近では家電製品にも使用されるようになり，大気圧のモニタに応用されています．この場合は絶対真空まで測定する必要はないので，標準大気圧（760 mmHg，1013 hPa，1.033 kg/cm²）近辺が測定範囲になっています．

⑵ **アンプ内蔵タイプ**（DPS-310 シリーズ）

⑴ **ボタン型センサ**（FPBS シリーズ）

⑵ **大気圧センサ**（IS613）

水位センサ

　給湯機や水位検出への応用では流体が気体ではなく水になります．圧力はゲージ圧ですので，正圧と負圧の測定が可能です．

　また，腕時計用として小型のボタン型圧力センサがあります．水（海水）圧を測定することで，水深計測が可能です．

⑴ **水位センサ**（FPW シリーズ）

⑵ **水位センサ**（SPW シリーズ）

サンプル提供⑵：㈱デンソー　問い合わせ先☎(0566) 25-9878

アンプ付き高圧センサ

　圧力センサに処理回路を内蔵させたもので，取り付けが楽なように接続ねじ付きになっています．

　EMI，EMC などのノイズ環境からセンサを保護する電磁波干渉対策も施されています．

　腐食に強いステンレス・ダイヤフラムで圧力を受け，半導体式圧力センサに圧力を伝達する 2 重ダイヤフラム構造のため，定格圧力は 500 kg/cm²(絶対圧)まで可能です．

　流体としてはステンレスを腐食しない水・油・ガスなどの液体あるいは気体が使用可能です．

(2) 相対圧高圧センサ(SD シリーズ)

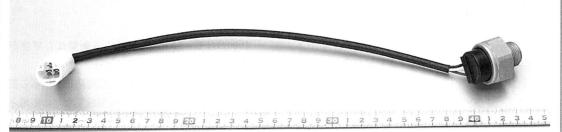

(2) 絶対圧高圧センサ(MD シリーズ)

スパーク・プラグ付き圧力センサ

　自動車のエンジン内の圧力測定では高温(数百℃)・高圧(数百気圧)に耐えることが要求されるので，半導体式圧力センサでは難しく，水晶のような圧電素子が使用されます．

　水晶には，①安定性が高く丈夫，②感度の温度特性が優れている，③優れたリニアリティと小さなヒステリシス，などの特徴があります．

　しかし，出力が電圧ではなく電荷なのでチャージ・アンプ(電荷増幅器)が必要です．

　エンジンに取り付けるのに便利なスパーク・プラグ付きもあります．

(3) 筒内圧センサ一体型スパーク・プラグのプラグ部

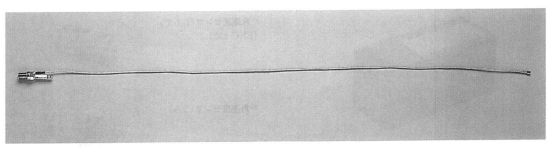

(3) 筒内圧センサ一体型スパーク・プラグ(6117A13)

（39）振動・加速度センサ

松井邦彦

振動センサや加速度センサは，衝撃力あるいは加速度を検出するセンサです．

通常，応力が加わると電気を発生する圧電素子が使用されますが，ほかの材料や方法もあります．ユニークなものでは，衝撃（ショック）を受けると化学反応によって赤く発光し，衝撃の強さを赤色の直径で知ることができます．輸送途中の製品破損などの原因調査などに応用されています．

ショック・センサ

圧電素子に外部から衝撃（ショック）や振動が加わると，その大きさに比例した電圧（または電荷）を発生します．これを圧電効果と呼んでいます．

圧電素子には圧電セラミックスと金属板を貼り合わせたユニモルフ振動子，あるいは圧電セラミックス同士を貼りわせたバイモルフ振動子が使用されます．

ショック・センサの使用周波数範囲は，高いほうは共振周波数（数kHz程度）で決まり，低いほうはセンサ容量 C とアンプの入力抵抗 R で決まります．

低域カット・オフ周波数 f_L は，

$$f_L = \frac{1}{2\pi CR}$$

で示されます．

1000 G（1 G＝9.8 m/s²）を越える衝撃にも感度があります．

ショック・センサは自動車の盗難防止や機器の振動検知，ハード・ディスクの衝撃検知などに応用され，最近では表面実装タイプも市販されています．

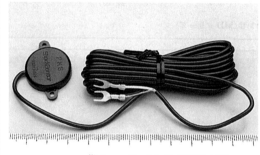

(1) ショック・センサ（PKS1-4A1）

(1) 面実装タイプの小型ショック・センサ

角速度センサ

振動している物体に回転角速度が加わると，振動方向に対して直角にコリオリの力が発生しますが，角速度センサはこの力を検出します．センサ素子部には小型三角柱振動子を使用しており，低周波（数Hz）にも感度があります．

車載用ナビゲーション・システムの方向検出や，ビデオ・カメラの手振れ検出などに応用されています．

(1) 角速度センサ（ENV-05）

(1)角速度センサ（おもて）
（ENC-05E）

(1)角速度センサ（うら）

144

資材提供(1): ㈱村田製作所 ☎(044) 422-5151

転倒検知スイッチ

　転倒スイッチはストーブや扇風機などの転倒検出として使用されています.

　ケース内部に鋼球を入れ,転倒するとその鋼球でスイッチが動作するようになっています.

　また発光ダイオードとフォト・トランジスタを内蔵して,ケース内部の玉が光を遮断することでフォト・トランジスタをON/OFFするタイプもあります.

(2) 転倒検知スイッチ

感震スイッチ

　地震を検知するとスイッチが動作します.動作感度は130～200Gと100～170G(震度5相当)の2種類があります.

　ケース内部に鋼球を入れたシンプルな構造ながら,取り付け水平面において360度方向の揺れを検知することが可能です.

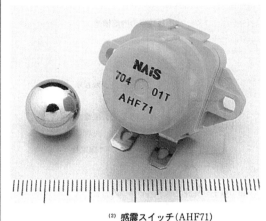

(2) 感震スイッチ(AHF71)

振動・加速度センサの特徴

　振動センサは比較的精度が厳しくないところで使用されますが,加速度センサは計測用として広く使用されています.加速度センサの校正は非常に難しく,通常は校正済みのセンサを使用しますが,需要が少ないせいもあって1個数十万円もする場合もあ

ります.DCから検出できるサーボ型加速度センサも市販されています.

　最近では,加速度センサは自動車のエア・バッグに応用されるようになり,低価格化の風が吹いてきました.

モノリシック・タイプの加速度センサ

　差動容量型加速度センサとアンプをマイクロ・マシニング技術によって,シリコン・チップ上に構成

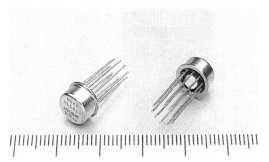

(3) モノリシック・タイプの角速度センサ(ADXL05AH)

したモノリシックの加速度センサです.アンプや調整機能などの信号処理回路が内蔵されているので,±50Gまでの加速度を高精度で測定することが可能です.

　このセンサの加速度検出の軸はケース・タブ方向に合わせているので,検出したい加速度方向に容易に一致させることができます.

　+5V単電源で動作し,DC～1kHzの周波数特性があります.耐衝撃性能は2000G(電源OFF時)以上です.

　自動車のエア・バッグや各種の加速度検出に応用することができます.

資材提供(2):松下電工㈱　☎(06)908-1131
資材提供(3):アナログ・デバイセズ㈱　☎(03)5402-8270

計測用加速度センサ

　計測用加速度センサは圧電効果を利用していますが，圧電素子に加わる応力の方向の違いによって，次の3種類があります．

(1) 圧縮型(縦効果)

　機械的強度が強いので，広く使用されています．

(2) シェア型(厚みすべり効果)

　温度変化による(焦電)ノイズが小さいというメリットがあります．

(3) ベンディング型(横効果)

　低周波領域の高感度化が可能です．

　使用最大加速度は10 kGを越えるものまであり，耐衝撃性能は5 kG〜30 kG程度です．使用周波数範囲も低周波側で0.1 Hz以下，高周波側では50〜100 kHz(センサの固定方法で違う)と広帯域化されています．

　またセンサの出力は電荷なので，チャージ・アンプ(電荷-電圧変換回路)付きのセンサも用意されています．

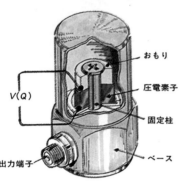

(4) 圧縮型の内部構造

おもり
圧電素子
$V(Q)$
固定柱
出力端子
ベース

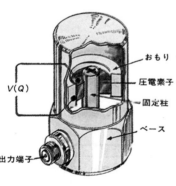

(4) シェア型の内部構造

おもり
圧電素子
$V(Q)$
固定柱
ベース
出力端子

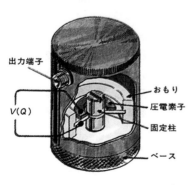

(4) ベンディング型の内部構造

出力端子
おもり
$V(Q)$
圧電素子
固定柱
ベース

(4) 計測用加速度センサ(圧縮型)

(4) 計測用加速度センサ(シェア型)

(4) 計測用加速度センサ(ベンディング型)

資材提供(4)：ティアック電子計測㈱ ☎(044)711-5221

(40) 湿度センサ

松井邦彦

湿度は一般的に，相対湿度で表されます．相対湿度 H は空気中の水蒸気圧 P とその気体と同温度の飽和水蒸気圧 P_S との比で表され，次式の関係があります．

$$H = (P/P_S) \times 100 \ [\%] \qquad \cdots\cdots(1)$$

この水蒸気圧は自然界では6桁もの変化がありますが，エアコンなどでは20～100％程度の検出範囲があれば十分です．

これに対して，単位体積当たりの水蒸気の質量を表す絶対湿度があります．絶対湿度 D は気体の体積を V [m³]，その中に含まれる水蒸気の質量を M [g] とすると，

$$D = M/V \ [\text{g/m}^3] \qquad \cdots\cdots(2)$$

で表されます．このように，湿度センサには相対湿度を検出する相対湿度センサと絶対湿度を検出する絶対湿度センサとがあります．

汎用型湿度センサ

湿度検出部に高分子を利用した抵抗変化型の湿度センサです．湿度検出部はケースおよび多孔質フィルタで保護されているので耐久性に優れています．

通常の湿度センサの使用湿度範囲は相対湿度20～95％（ただし結露しないこと）ですが，耐水性を向上させた湿度センサでは同20～100％で使用できるので，農業用ハウスやお風呂用換気扇などの結露環境下でも使用できます．

抵抗変化型のため，回路は比較的簡単ですみます．

(1) 汎用型湿度センサ(HS12/HS15 シリーズ)

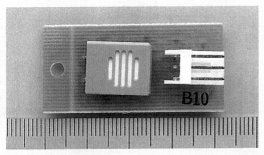

(1) 湿度センサ・ユニット(HU10 シリーズ)のセンサ面

(1) 湿度センサ・ユニット(HU10 シリーズ)の部品面

セラミック型湿度センサ

　一般に，湿度センサは長時間高湿度中に置かれると特性が劣化してしまうため，再現性良く湿度を測定するためには定期的なクリーニングが必要です．

　セラミック型湿度センサは感湿部が汚染されてもセンサ部が酸化物半導体で作られているので，数百℃で加熱クリーニングすることで感湿部をリフレッシュさせることができます．

　感湿部のセンサ素子(酸化物半導体)は厚膜印刷技術によって作ることが可能で，そのため小型化でき低消費電流化を実現しています．

(1) セラミック型湿度センサ(HS30)

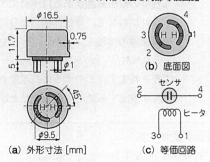

(1) HS30 の外形寸法と内部等価回路

(a) 外形寸法 [mm]

(b) 底面図

(c) 等価回路

静電容量変化型湿度センサ

　感湿部に薄膜ポリマを使用した静電容量変化型の湿度センサです．

　抵抗変化型湿度センサの特性は湿度に対してノン・リニアですが，このセンサはリニア特性のため，ほとんどの応用ではリニアライズ回路が不要です．

　また湿度変化に対する応答性が速く，結露にも強く耐薬品性もあり，最高温度 180 ℃の雰囲気中でも動作します．

　この湿度センサと回路部を一体化したセンサも用意されています．

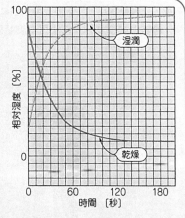

(2) ミニキャップ2 のレスポンス特性

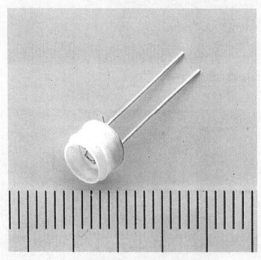

(2) 静電容量変化型湿度センサ(ミニキャップ2)

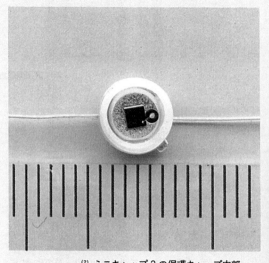

(2) ミニキャップ2 の保護キャップ内部

148

資材提供(2)：日本パナメトリクス㈱ 問い合わせ先☎(03)5802-8701

絶対湿度センサ

　小型のチップ・サーミスタをセンサ素子に使用した絶対湿度センサで、湿り空気と乾き空気との熱伝導の差を利用して絶対湿度を測定します。しかも安定で高湿度に耐え、応答性が速くヒステリシスがないという特徴があります。

　またセンサ部を金属ネットで覆った構造のものは200℃という高温にも耐えるため、電子レンジへの応用も可能です。

　絶対湿度センサと回路を一体化したモジュールも用意されています。

(3) 絶対湿度センサ(HS-5)

(3) 絶対湿度センサ(HS-6)

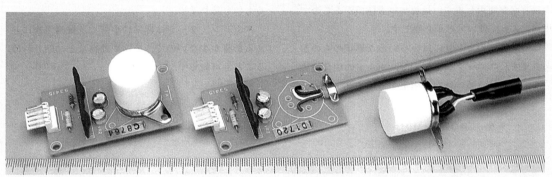

(3) オーブン・レンジ用絶対湿度センサ(HS-11)

(3)絶対湿度センサ・ユニット
(CHS-1 と CHS-2)

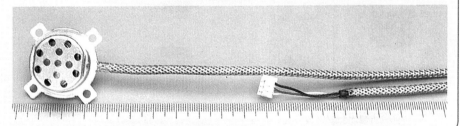

結露センサ

　湿度センサの中には物体の表面に水蒸気が水滴となって付着する、いわゆる結露したかどうかを検出する結露センサというものもあります。ビデオやFAX などの結露検出などに使用されています。

　結露センサは結露が発生する高湿度で大きな抵抗変化を生じるセンサで、相対湿度94〜100％で使用可能です。

　相対湿度 94％以上で抵抗値がスイッチング的に上昇するので、感度が高く結露状態を確実に検知することができます。しかも、湿度センサの場合はセンサへの供給電圧は AC 電圧ですが、結露センサでは DC 電圧でドライブできるため、ドライブ回路が簡単ですむという特徴があります。

資材提供(3)：㈱芝浦電子　問い合わせ先☎(03)3982-7033

149

(41) ひずみセンサ

松井邦彦

ひずみセンサは，物体に生じた機械的なひずみを検出するセンサです．ひずみセンサとしては，抵抗体に外力を加えると変形し，その電気抵抗が変化する原理を応用したストレン（ひずみ）ゲージがポピュラです．外力による機械的なひずみを検出することで物体に加わっている力（応力）を測定できます．

ストレン・ゲージには金属抵抗線ゲージのほか，最近では箔抵抗ゲージや半導体ゲージなどが市販されています．半導体ゲージは民生用圧力センサに大量に使用されています．応力測定というと使用範囲が限定されそうですが，各種の物理現象を機械的なひずみに変換できればその応用範囲は拡大されます．

汎用ストレン・ゲージ

測定物にセンサを直接貼り付けて使用するタイプです．接着にはセンサ・メーカが用意している専用の接着剤を使用します．接着剤にも種類があるので，用途によって使い分けが必要です．

このタイプのセンサにはいろいろな形状のものがあります．ユニークなものでは，ボルトの中に埋め込んで締め付け時の軸力を測定するパイプ・ゲージ

や，防水タイプのものなどもあります．

また汎用ひずみゲージの使用温度範囲はせいぜい100～200 ℃程度ですが，高温用では 600 ℃を越えるものもあります．

ストレン・ゲージは非常に小さく，被測定物に与える影響が少ないので，植物や動物などに貼り付けることも可能です．

(1) ゲージ用コーティング材

(1) 箔ゲージ（右：N11 タイプ，左：N22 タイプ）

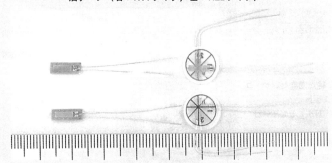

(1) リード線付き箔ゲージ（上から，2線式 N11 タイプ，3 線式 N11 タイプ，2 線式 N32 タイプ）

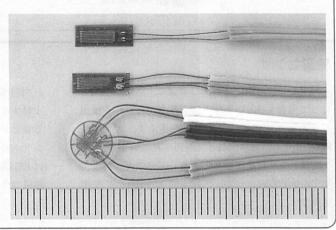

資材提供 (1)：NEC三栄㈱　問い合わせ先　☎(0423) 42-6527

荷重センサ（ロード・セル）

　ストレン・ゲージの代表的な応用がこのロード・セルです．ロード・セルは機械的なひずみを受けて弾性変形する受感部に検出素子を貼り付けて，荷重（重量）を測定します．

　通常ロード・セルには高精度が要求されるので，これに使用する検出素子には温度補償型で，リニアリティや耐久性に優れたものが使用されます．

　荷重の種類によって圧縮型，引っ張り型，引っ張り・圧縮型などがあります．

　なお，ロード・セルにはアンプが必要ですが，専用アンプが用意されています．

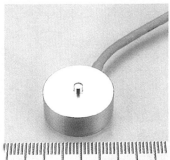

(1)9E01-L 43-100K

(1)9E01-L 18-100K

(1)9E01-L 35-50K

(1)9E01-L 1-10T

ストレン・ゲージの構造と基本回路

　下の図に示すように，ストレン・ゲージはベース（基板）上に貼り付けられた抵抗体にリード線を付けた構造になっています．ゲージの中心軸はゲージ軸と呼ばれ，基本的には抵抗体はこの軸に平行に抵抗体を折り返して格子状に作られます．平行でない部分があると，軸方向の感度(ゲージ率という)が減少し，軸と直角方向にも感度をもつようになります．

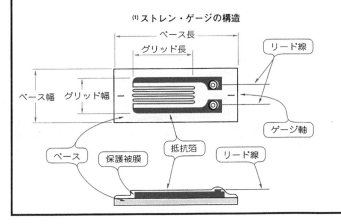

(1)ストレン・ゲージの構造

(1)ストレン・ゲージの基本回路

V_D：ドライブ電圧
$R_1 \sim R_4$：120Ωまたは350Ω

加圧導電性ゴムを使用した感圧スイッチ

　加圧導電性ゴムは圧力が加わると抵抗値が急変するので，感圧スイッチとして応用できます．しかも，シリコーン・ゴムと金属粒子との複合材料なので柔軟性に優れ，保護カバー付きのものは屋外でも使用可能です．

　コードまたはケーブル状の感圧スイッチだけでなく，プレート状またはマット状のものも用意されています．広い面積のスイッチが得られるところが長所で，最大の魅力です．

　安全スイッチとしての応用のほか，車両用は車両の通過検出などに応用できます．

⑵ プレート・スイッチ（PLS110）

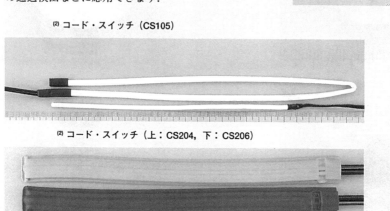
⑵ コード・スイッチ（CS105）

⑵ コード・スイッチ（上：CS204，下：CS206）

⑵ 加圧導電ゴム・センサ
（上：M1型，下：M2型）

　右の表にストレン・ゲージの仕様例を示します．公称抵抗値は 120 Ω あるいは 350 Ω があります．

　基本回路を前ページに示します．ストレン・ゲージの抵抗変化はわずかなので，抵抗値をそのまま測定はしないで，通常はダイナミック・レンジが大きくなるブリッジ構成で使用します．R_1〜R_4のうち2個をセンサに使用し，ほかは固定抵抗にするハーフ・ブリッジと，4個全部をセンサにするフル・ブリッジが一般的です．

　ブリッジ構成にすることでセンサの温度特性（ゼロ点や感度）が軽減されるという大きなメリットもあります．

　しかし，最近では16ビット以上のA-Dコンバータが比較的安価に入手できるので，用途によっては抵抗値をそのまま測定する場合もあります．ただし，半導体式の場合は温度変化が大きいので，温度補償回路が必要です．

⑴ ストレン・ゲージの仕様

項　目	FAシリーズ	MAシリーズ
グリッド長さ	0.3〜60mm	0.3〜10mm
ゲージ抵抗値	公称抵抗の ±0.5% 以内	
ゲージ材質	アドバンス箔	
ベース材質	ポリエステル系	ポリイミド系
ゲージ率	公称値の ±2% 以内	
最大ひずみ測定範囲	±2〜4%	
使用温度範囲	−30〜+80℃	−30〜+180℃
熱出力	常温〜+80℃で ±2×10^{-6}ひずみ/℃	常温〜+160℃で ±2×10^{-6}ひずみ/℃
温度による ゲージ率の変化	±0.015%/℃ 以内	
疲労寿命	1000×10^{-6}ひずみにて 10^{5}回以上	
適合被測定材の 線膨張係数	普通鋼材：$\alpha = 11 \times 10^{-6}$ /℃	
	ステンレス鋼：$\alpha = 16 \times 10^{-6}$ /℃	
	アルミ合金：$\alpha = 23 \times 10^{-6}$ /℃	

資材提供 ⑵ ：㈱ブリヂストン　問い合わせ先　☎(03)5202-6805

(42) 回転位置センサ

松井邦彦

回転位置（角度）センサは，FAやOA分野ではモータやロボットなどの制御用として欠くことのできない重要なセンサの一つです．角度センサは単なる回転量検出以外に，回転速度検出センサとしても利用されています

角度センサにはポテンショメータのようなアナログ式の簡単なものから，ロータリ・エンコーダのようにディジタル式のものもあります．また，リゾルバのようにアナログ式でありながら絶対角度の高精度測定が可能なセンサもあります．

ポテンショメータ

ポテンショメータは，原理的には電子回路で使用されている VR（可変抵抗器）と同じものですが，精度や分解能，耐久性などが高くなっています．

シンプルな構造，取り扱いが楽などの特徴が受けて，従来からレコーダなどの計測器にも利用されてきました．

ポテンショメータには接触型と非接触型があります．

接触型は高精度で安価ですが，寿命が短いという欠点があります．逆に非接触型は寿命が長い（半永久的）というメリットがありますが，高精度化が難しいという欠点があります．

接触型には巻き線，導電性プラスチック素子，サーメット素子などを材料に使ったものがポピュラです．非接触型は磁気抵抗素子を使ったものがポピュラで，磁気を使って電気的な絶縁をしています．

(1)回転変位型ポテンショメータ（PCR35）

(1) 回転変位型ポテンショメータ（SCF2213シリーズ）

(1)ジョイスティック型ポテンショメータ
（JS2-PP：全方向型，JSI-ST：1方向型）

資材提供(1)：日本抵抗器販売(株)　問い合わせ先☎(03)3762-8521

ロータリ・エンコーダ(インクリメンタル型)

ポテンショメータはアナログ式の回転位置センサですが，ロータリ・エンコーダはディジタル式の回転位置センサです．ロータリ・エンコーダにも光学式・磁気式のような非接触型とブラシ式の接触型があります．高速回転が要求される応用では非接触型を使用します．

光学式ロータリ・エンコーダは回転軸に取り付けたスリットが回転することで，光が遮断されたり透過されたりします．この光をフォト・センサで検出することで回転量がわかります．

ロータリ・エンコーダにはインクリメンタル型とアブソリュート型があります．インクリメンタル型は1回転で決められた数のパルスを発生するもので，回転量はカウンタなどで計測します．そのため，電源OFF時にカウンタがリセットされてしまうと現在値が不明になるため，必ずバックアップ回路または原点復帰などのイニシャライズが必要です．

(2)インクリメンタル型ロータリ・エンコーダ(形 E6A2，形 E6C2-C，形 E6D)

(2)ロータリ・エンコーダの内部回路

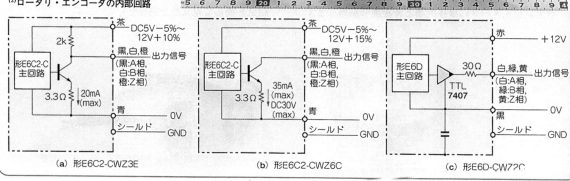

(a) 形E6C2-CWZ3E   (b) 形E6C2-CWZ6C   (c) 形E6D-CW72C

ロータリ・エンコーダの特徴

私たちが通常使用する角度センサはロータリ・エンコーダがほとんどです．ロータリ・エンコーダにはインクリメンタル型(相対角度検出用)とアブソリュート型(絶対角度検出用)がありますが，たいていの応用はインクリメンタル型で十分です．

ただし，インクリメンタル型の利用には，通常，カウンタや回転方向検出などの回路が必要です．

また，ロータリ・エンコーダには光学式と磁気式がありますが，まだ主流は光学式です．光学式はエッチング技術によってスリットを作るので，高分解能のものが作りやすいという特徴があります．1回転当たりのパルス数は汎用(ロー・コスト)タイプで32〜2048パルス(5〜12ビット)程度ですが，高分解能タイプでは数十万パルス/回転以上のものもあります．

(2)ロータリ・エンコーダの構造

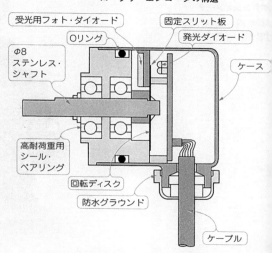

資材提供(2)：オムロン(株)　問い合わせ先☎(03)3493-7091

ロータリ・エンコーダ(アブソリュート型)

アブソリュート型ロータリ・エンコーダは回転位置に対応した信号データをパラレルまたはシリアルで出力するのでカウンタは不要で，しかも電源がOFFになっても電源が再投入されれば再び絶対位置を読み込めます．

しかし，分解能が高くなるとそれに応じて出力数が多くなるので，価格が高く形状も大きくなってしまいます．

(2) 多回転アブソリュート・エンコーダ(E6C-M形)

アブソリュート型ロータリ・エンコーダ
(形E6CP，形E6F，形E6G)

多回転アブソリュート型ロータリ・エンコーダ
(形E6C2-A，形E6C-N)

リゾルバ

リゾルバはアナログ式の絶対回転位置センサで，高精度・小型・高信頼性という特徴があります．

一般的なリゾルバの構造は一つのロータ(回転)と二つのステータ(固定)で構成されます．ロータを，$A \cdot \sin \omega t$という信号で励磁するとステータには$A \cdot \sin \omega t \cdot \cos \theta$と$A \cdot \sin \omega t \cdot \sin \theta$という信号が得られます．

これらの信号を専用IC(角度-ディジタル・コンバータ)で処理することで，絶対角度θをディジタル信号で求められます．

なお，角度-ディジタル・コンバータ(通称R-Dコンバータ)ICは16ビット分解能までなら市販されています．

リゾルバ(TS2620N，TS2640N，TS2622N)

（43）光センサ

松井邦彦

　光センサとして，もっともポピュラなセンサがフォト・ダイオードおよびフォト・トランジスタです．

　フォト・ダイオードは，①入射光量と出力電流の直線性が良い，②温度変化が小さい，③応答速度が速い，④ばらつきが小さい，など優れた特徴をもっています．

　フォト・ダイオードの代表的な構造には，プレーナ型，PIN型，アバランシェ型の三つがあり（コラム），それぞれの特徴を各種応用に生かすことが大切です．

　最近では，フォト・ダイオードと処理回路を一緒にしたフォトICが市販されています．初心者でも簡単に扱え，小型化という点でも魅力があります．

汎用型フォト・ダイオード

　もっとも一般的なフォト・ダイオードです．受光面積が大きくなるほど高価になりますが，通常の用途では数mm²もあれば十分でしょう．

　照度計では人の目の分光感度特性に合ったセンサが必用なので，Siフォト・ダイオードでは視感度補正フィルタが必要になります．

　GaAsPフォト・ダイオードでは分光感度特性が人に似ているので，補正フィルタを必要としない場合もあります．

汎用型フォト・ダイオード
（MBC2014CF）

フォト・ダイオードの構造

　フォト・ダイオードの代表的な構造には，プレーナ型，PIN型，アバランシェ型の三つがあります．

● プレーナ型

　通常フォト・ダイオードといったらこのタイプです．安価なので応用範囲も広く，品種も揃っています．ただし，端子間容量が大きいので高速応答には適しません．照度計用に視感度補正フィルタが付いたものもあります．

● PIN型

　フォト・ダイオードはダイオード構造ですからPN接合（プレーナ型）が基本ですが，これでは端子間容量が大きくなってしまうので，PN層間にI層を入れて，空乏層を厚くして端子間容量を減らします．これをPIN型と呼んでいます．

　PIN型フォト・ダイオードはその高速性を生かすため，通常逆バイアス電圧を与えて使用します．これは逆バイアス電圧によって端子間容量が小さくなるからです．ただし暗電流はプレーナ型より大きくなるのでS/Nはプレーナ型より悪くなります．

　TVやビデオのリモコンなどに応用されています．

● アバランシェ型

　アバランシェ（電子なだれ）現象によって，フォト・ダイオードに電流増幅作用をもたせたセンサです．高い逆バイアス電圧をかけて使用しますが，電流増倍作用のため微弱光の検出が可能です．

汎用型フォト・トランジスタ

　フォト・トランジスタはフォト・ダイオードの後ろにトランジスタを付けて，電流ゲインを大きく（h_{FE}倍）したセンサです．トランジスタのh_{FE}は数十〜数百あるのでフォト・トランジスタの出力電流はフォト・ダイオードに比べると非常に大きな値になりますが，その代わりに周波数特性は犠牲になります．

　また温度特性や直線性もh_{FE}の影響を受けるため，リニア的な応用よりはディジタル的な応用に適しています．

　フォト・トランジスタの代表的な応用製品にフォト・インタラプタや反射型フォト・センサなどがあります．これらは LED とフォト・トランジスタを組み合わせたものです．安価なのでカメラやプリンタ，複写機などで大量に使用されています．

汎用型フォト・トランジスタを応用したフォト・インタラプタ

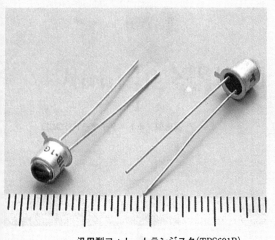

汎用型フォト・トランジスタ（TPS601B）

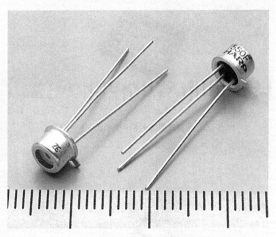

汎用型フォト・トランジスタ（PT550F）

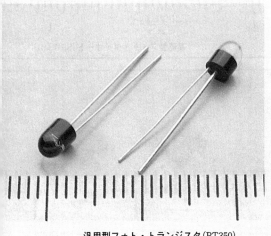

汎用型フォト・トランジスタ（PT350）

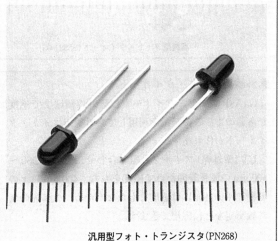

汎用型フォト・トランジスタ（PN268）

高速型フォト・ダイオード

　高速応答のフォト・ダイオードとしてポピュラなのがPIN型フォト・ダイオードです．一般のプレーナ型に比べて10〜100倍の高速応答特性が得られます．

　リモコンに使用する場合は発光素子に赤外LEDを使用するので，外乱光除去のため可視光フィルタが付いたものもあります．

　最近のPINダイオードは小さな逆バイアス（数V〜数十V）で使用できるため使いやすく，周波数帯域もGHzを越えるものまであります．100MHzを越えるアンプは初心者には難しいので，専用アンプが用意されています．

(1) **高速型フォト・ダイオード**（S2506-02）

(1) **高速型フォト・ダイオード**（S5106）

(1) **高速型フォト・ダイオード**（S5821）

(1) **高速型フォト・ダイオード**（S5821-03）

(1) **高速型フォト・ダイオード**（S5973-01）

紫外線用フォト・ダイオード

　GaAsPフォト・ダイオードは紫外線領域まで感度があるので，この特徴を利用して紫外線用フォト・ダイオードが作れます．

　UV（紫外線）フィルタと組み合わせたものは260〜400nmの波長範囲だけで感度をもち，400nm以上の可視光や赤外光には感度をもたないため，太陽光の紫外線測定などに応用できます．

(1) **紫外線用フォト・ダイオード**（G5842）

資材提供(1)：浜松ホトニクス㈱　問い合わせ先☎(053)434-3311

索引